Rushikesh Dhokate

Análise dinâmica de um veio rotativo sujeito a fendas oblíquas

Rushikesh Dhokate

Análise dinâmica de um veio rotativo sujeito a fendas oblíquas

ScienciaScripts

Cover image: www.ingimage.com

This book is a translation from the original published under ISBN 978-3-659-77677-9.

Publisher:
Sciencia Scripts
is a trademark of
Dodo Books Indian Ocean Ltd. and OmniScriptum S.R.L publishing group

120 High Road, East Finchley, London, N2 9ED, United Kingdom
Str. Armeneasca 28/1, office 1, Chisinau MD-2012, Republic of Moldova, Europe
Printed at: see last page
ISBN: 978-620-8-10193-0

RESUMO

A questão da deteção e do diagnóstico de defeitos adquiriu um interesse industrial generalizado. Os defeitos afectam o crescimento económico da indústria. Geralmente, o defeito num elemento estrutural pode ocorrer devido a operações normais, acidentes, deterioração ou eventos naturais graves, como terramotos ou tempestades. O defeito pode ser analisado através do método de medição da frequência, da forma modal e do amortecimento estrutural. A nossa análise foi efectuada com base em métodos não destrutivos, tendo em conta a frequência natural.

O estudo das fissuras e da sua localização é muito importante, uma vez que o veio é o principal parâmetro para transmitir energia de um ponto para outro em várias indústrias. A falha do veio afecta diretamente a segurança do ambiente à volta da máquina.

Neste estudo, foi efectuado um estudo sobre um veio rotativo sólido com uma fenda oblíqua. A análise do veio fissurado é efectuada através de experiências e simulações no software FEA. Os resultados experimentais são comparados com os resultados do ANSYS.

ÍNDICE DE CONTEÚDOS:

NOMENCLATURA

d = diameter of shaft (mm)

di= inner diameter of disc (mm)

do= outside diameter of disc(mm)

d_p= pitch diameterofbearing (mm)

Di= inner diameter of bearings (mm)

Do= outer diameter of bearings (mm)

L= length of shaft (mm)

M = mass ofthedisc (kg)

Z = number ofballs

ω = shaft speed (rad/s)

ωc= cage speed(rad/s)

g = acceleration due to gravity (9.81 m/s^2)

N=speed of shaft (rpm)

CAPÍTULO 1
INTRODUÇÃO

A questão da deteção e do diagnóstico de fissuras ganhou um interesse industrial generalizado. As fissuras ou os danos afectam o crescimento económico da indústria. Geralmente, os danos num elemento estrutural podem ocorrer devido a operações normais, acidentes, deterioração ou eventos naturais graves, como terramotos ou tempestades. Os danos podem ser analisados através de inspeção visual ou através do método de medição da frequência, da forma modal e do amortecimento estrutural. A deteção de danos por inspeção visual é um método que consome muito tempo e a medição da forma própria e da deflexão estrutural é mais difícil do que a medição da frequência. O método não destrutivo para a deteção de fissuras é favorável em comparação com os métodos destrutivos. Assim, a nossa análise foi efectuada com base em métodos não destrutivos, tendo em conta a frequência natural.

O estudo das fissuras e da sua localização é muito importante, uma vez que o veio é o principal parâmetro para transmitir energia de um ponto para outro em várias indústrias e também em várias máquinas como turbinas, geradores e motores aeronáuticos. A falha do veio afecta diretamente a segurança do ambiente em torno da máquina. Além disso, para aumentar a eficiência da transmissão de energia nas máquinas, os veios não devem apresentar defeitos.

Neste estudo, foram estudadas as fissuras em veios sólidos, tais como as fissuras oblíquas. Na análise atual, foram desenvolvidas metodologias para a deteção de danos de um veio fissurado, utilizando a experimentação e a simulação no software FEA. Na análise experimental, os resultados foram calculados utilizando o analisador FFT. Estes resultados são comparados com a simulação do modelo no software FEA.

1.1 TIPOS DE FISSURAS NO VEIO

As fissuras são definidas como descontinuidades ou separações não intencionais no material do veio. Com base na geometria, as fissuras podem ser classificadas da seguinte forma

1.1.1 Fissuras transversais

As fissuras perpendiculares ao eixo do rotor são designadas por fissuras transversais. Estas são as mais comuns de todas as fissuras e as mais graves, porque reduzem a secção transversal do veio.

1.1.2 Fissuras longitudinais

As fissuras paralelas ao eixo do veio são designadas por fissuras longitudinais.

1.1.3 Fendas inclinadas

As fissuras que estão num ângulo de 45^0 em relação ao eixo do eixo são chamadas fissuras oblíquas. Estas têm um efeito no veio semelhante ao das fissuras transversais, mas o efeito destas fissuras na vibração é menor em comparação com as fissuras transversais.

1.1.4 Fissuras respiratórias

As fissuras que se abrem quando o material que tem esta fissura é sujeito a tensões de tração e vice-versa são chamadas fissuras de respiração. A respiração da fenda resulta em não linearidades no comportamento vibratório do veio. Estas fissuras respiram quando a velocidade do veio é baixa e as forças radiais são grandes.

1.1.5 Fissuras/entalhes

As fendas que permanecem sempre abertas são designadas por fendas abertas. Estas são também designadas por entalhes.

1.1.6 Fissuras superficiais

As fissuras que se encontram na superfície do veio são designadas por fissuras de superfície. Estas podem ser facilmente detectadas por penetração de corante ou por inspeção visual.

1.1.7 Fissuras sub-superficiais

As fissuras que não podem ser vistas à superfície são designadas por fissuras sub-superficiais. Estas podem ser detectadas por radiografia, partículas magnéticas ultra-sónicas e queda de tensão no veio. Estas têm menos efeito no comportamento vibratório do rotor do que as fissuras superficiais.

1.2 FONTES DE VIBRAÇÃO NO VEIO ROTATIVO

1.2.1 Fendas no veio

A propagação de fissuras na superfície do veio e no interior do veio leva à avaria da máquina. Também se podem propagar pequenas fissuras devido à velocidade do veio. As fissuras podem afetar a eficiência do sistema da máquina.

1.2.2 Eixo não balanceado

O desequilíbrio de massa é o problema mais proeminente de um sistema de rotor que pode fazer com que toda a máquina vibre excessivamente. Isto pode causar um desgaste excessivo nos rolamentos, casquilhos, engrenagens e sistemas de escape, reduzindo substancialmente a sua vida útil. Quando a rotação se inicia, o desbalanceamento exerce uma força centrífuga que tende a fazer vibrar o rotor e a sua estrutura de suporte, aumentando a força centrífuga proporcionalmente ao quadrado do aumento da velocidade.

1.2.3 Curvatura do veio

Quando o veio dobrado roda, produz vibrações que também causam danos nas chumaceiras, no acoplamento (se estiver ligado a outro veio através de um acoplamento) e na estrutura em que está montado.

1.2.4 Desalinhamento dos veios

Quando os dois veios são acoplados com a ajuda de um acoplamento, pode haver um desalinhamento entre eles, que, ao rodar, provoca vibrações. Existem dois tipos de desalinhamentos.

(i) Desalinhamento axial

Quando os eixos dos dois veios acoplados são paralelos mas não coincidentes, designa-se por desalinhamento axial. Este tipo de desalinhamento produz forças de corte e momento fletor na extremidade acoplada de cada veio.

(ii) Desalinhamento angular

O desalinhamento angular é o ângulo efetivo entre as duas linhas de centro dos veios e é quantificado medindo o ângulo entre as linhas de centro dos veios como se fossem estendidas até se intersectarem. Este desalinhamento produz um momento fletor em cada veio.

1.3 FALHA DO EIXO

A falha do eixo ocorre em três etapas:

1.3.1 Iniciação de fissuras

Nesta fase, aparecem pequenas fissuras ou descontinuidades. Estas são causadas por ranhuras de chaveta afiadas, amolgadelas de encaixe muito encolhido e ranhuras, porosidade e vazios, etc.

1.3.2 Propagação de fissuras

Quando o rotor com a pequena fenda é rodado ou utilizado, a pequena fenda começa a crescer, o que se designa por propagação da fenda. Isto ocorre devido a falhas de funcionamento, tensões térmicas, presença de tensões residuais ou zonas afectadas pelo calor da soldadura.

1.3.3 Falha

Esta fase ocorre quando a fissura cresceu de tal forma que o rotor não consegue suportar as forças aplicadas.

1.4 NECESSIDADE DO ESTUDO

O veio é um elemento rotativo que, devido às rotações e às condições de carga, pode apresentar defeitos. A produção de defeitos afecta diretamente os parâmetros de desempenho do veio. Além disso, a eficiência do veio pode diminuir. Assim, podem ser estudados os defeitos produzidos, como as fissuras oblíquas, transversais, longitudinais e as curvas. Nesta tese, a fenda oblíqua é estudada com fendas em diferentes locais e com diferentes condições de velocidade. Além disso, são aplicadas condições de carga para o estudo das fissuras.

1.5 OBJECTIVO DO ESTUDO

1) Analisar as caraterísticas dinâmicas de um veio sólido com fendas do tipo inclinado.
2) Analisar as caraterísticas de vibração do veio sólido para velocidade e carga variáveis.
3) Analisar o efeito das caraterísticas dinâmicas na orientação da fenda oblíqua.

1.6 METODOLOGIA

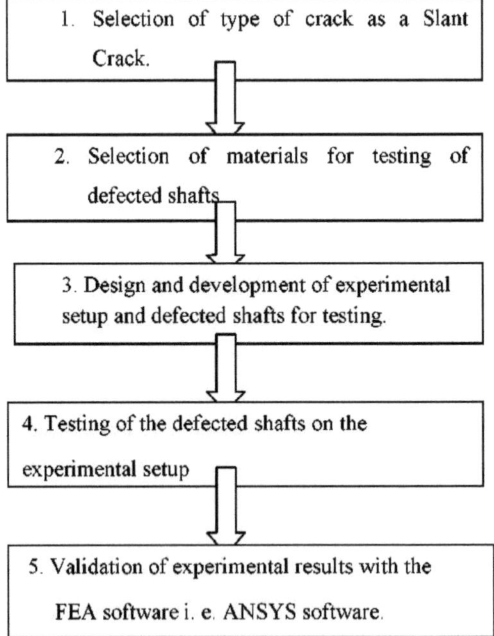

1.7 ORGANIZAÇÃO DO RELATÓRIO

O relatório é composto por oito capítulos. O primeiro capítulo é constituído por uma introdução aos defeitos como a fissura oblíqua em sistemas rotativos e pelo âmbito do trabalho. Os objectivos do trabalho e as metodologias adoptadas são explicados neste capítulo. O segundo capítulo, **"Revisão da literatura"**, consiste numa revisão de estudos anteriores que ajuda a descobrir a lacuna existente a ser estudada. O terceiro capítulo trata da formulação do problema para a experimentação. Com base na pesquisa bibliográfica e nos objectivos decididos, as experiências são planeadas e realizadas. **O quarto capítulo "Experimentação" consiste na realização da experiência. O quinto capítulo é "Resultados e discussão". O efeito de vários parâmetros de funcionamento no espetro de vibração** obtido a partir de experiências é também discutido neste capítulo. O sexto capítulo explica a simulação, em que são discutidos os resultados simulados a partir do software FEA, ou seja, ANSYS. **O resumo dos resultados é explicado neste capítulo.** O último capítulo **é "Âmbito futuro". Neste** capítulo, discute-se **o âmbito futuro deste** estudo.

CAPÍTULO 2

REVISÃO DA LITRAGEM

Foram realizados muitos trabalhos de investigação no domínio das fissuras em veios. Todos os investigadores realizaram investigações experimentais de fissuras em veios para confirmar os resultados obtidos pela teoria com os resultados experimentais. Segue-se a revisão da literatura de alguns artigos que dão mais informações sobre a contribuição de vários investigadores na análise de defeitos de veios rotativos.

QinkaiHannet. al.[1]analisou um sistema de rolamento de rotor com engrenagens com fissura de respiração oblíqua, tendo-se centrado no seu estudo nos problemas de vibração associados aos sistemas de engrenagens. Na sua investigação, o binário é transmitido principalmente pelo sistema de engrenagens e é mais provável que apareça uma fenda oblíqua no veio da engrenagem. Devido a esta fenda oblíqua, o comportamento dinâmico do sistema de engrenagens fissurado é diferente do comportamento do sistema não fissurado. Com a pesquisa anterior, menos eficiência de trabalho relatada para trinca oblíqua no sistema de rotor de engrenagem, o autor fez um estudo sobre a análise dinâmica de um sistema de rolamento de rotor de engrenagem com uma trinca oblíqua respiratória. O modelo de elementos finitos de um rotor com fissura oblíqua foi apresentado no seu artigo. Para os factores de intensidade de tensão, a matriz de flexibilidade para a fenda oblíqua foi derivada utilizando a mecânica da fratura. Para a análise do turbilhonamento, a análise da instabilidade paramétrica e a análise da resposta em estado estacionário, foram introduzidos três métodos. Em seguida, utilizando um sistema de rolamento de rotor de engrenagens de uma fase, foram calculadas numericamente as frequências de turbilhonamento do sistema equivalente invariante no tempo, dois tipos de regiões de instabilidade e a resposta em estado estacionário sob a ação de forças de desequilíbrio e erros de transmissão dos dentes. Os efeitos da profundidade, posição e tipo de fenda (transversal ou oblíqua) no comportamento dinâmico do sistema foram considerados neste trabalho. Foi efectuado um estudo comparativo com um rotor de engrenagens com fissuras oblíquas para detetar caraterísticas distintivas nos seus comportamentos modais, de instabilidade paramétrica e de resposta em frequência.

R. Ramezanpouret. al [2] investigou o comportamento dinâmico de um sistema de rotor Jeffcott com uma fenda oblíqua sob orientações arbitrárias da fenda. A matriz de flexibilidade e a matriz de rigidez do sistema foram calculadas neste trabalho utilizando a mecânica da fratura. As equações do sistema foram obtidas em quatro direcções, duas transversais, uma torsional e uma longitudinal, e resolvidas através de um método numérico. Neste trabalho foi apresentada uma relação simétrica para a matriz de rigidez global. Também foi investigada a influência da orientação das fissuras nos coeficientes de flexibilidade e na resposta em estado estacionário do sistema. Os resultados deste trabalho indicam que os resultados dos coeficientes de flexibilidade variaram muito com o aumento do ângulo de fissura de 30^0 para 90^0 (fissura transversal). Os valores máximos dos coeficientes de flexibilidade foram observados a 60^0 orientações da fenda.

Yanli Lin et. al. [3] realizou um trabalho para um sistema de rotor Jeffcott com uma fenda oblíqua de 45^0 no veio. Neste estudo, as equações de movimento foram desenvolvidas com quatro direcções, ou seja, duas direcções transversais, uma direção de torção e uma direção longitudinal. O documento mostra que, para além da rigidez de acoplamento, houve um acoplamento de torção de flexão causado pela excentricidade. Todos estes acoplamentos afectam as respostas do veio fendilhado inclinado e do veio fendilhado transversal. Neste trabalho, a comparação das respostas de um veio fissurado com um modelo de fissura aberta e com um modelo de fissura de respiração revela que as frequências caraterísticas dos veios são as mesmas e que o veio fissurado com um modelo de fissura de respiração tem um comportamento mais não linear do que o modelo de fissura aberta. Todos os estudos neste artigo foram feitos para o modelo de fissura aberta, uma vez que é necessário mais tempo para calcular as respostas de um veio fissurado por respiração do que um veio fissurado aberto. A análise das respostas estáveis indica as frequências combinadas da velocidade de rotação e da excitação torsional na resposta transversal, e a frequência da excitação torsional na resposta longitudinal usada para detetar a fissura oblíqua no eixo do sistema do rotor.

Ashish K. Darpe [5] apresentou um modelo de elementos finitos de um rotor com fissura oblíqua. Com base na mecânica da fratura, é derivada uma nova matriz de flexibilidade para a fenda oblíqua que tem em conta os factores adicionais de intensidade de tensão devidos à orientação da fenda em comparação com a fenda transversal. Foi efectuada uma comparação entre o rotor com fissura oblíqua e o rotor com fissura transversal no que respeita aos coeficientes de rigidez e às caraterísticas da resposta vibratória acoplada. Em comparação com a fenda transversal, a matriz de rigidez da fenda oblíqua foi mais preenchida com coeficientes de acoplamento cruzado adicionais. A influência do ângulo de orientação da fenda oblíqua nos valores de rigidez também foi investigada. A rigidez de torção foi a mesma para os dois tipos de fissuras. Os valores mais elevados de rigidez de acoplamento cruzado para a fissura oblíqua tinham um acoplamento cruzado mais forte nas vibrações de flexão-torção-alongitudinais do que para a fissura transversal. Para calcular o desequilíbrio e a excitação torsional do rotor fissurado, utilizou-se um modelo de fissura de respiração não linear dependente da resposta, que foi comparado com o rotor de fissura transversal para identificar as caraterísticas distintivas da resposta.

Ashish K. Darpe [6] apresentou uma forma de detetar fissuras transversais de fadiga em veios rotativos. Neste trabalho, a metodologia de deteção proposta explica o fenómeno de respiração não linear típico da fissura e o acoplamento das vibrações de flexão-torção devido à presença da fissura. Numa orientação angular específica, foi aplicada uma excitação de torção transitória durante um curto período de tempo, tendo sido investigado o seu efeito nas vibrações laterais. A variação do valor de pico do coeficiente de wavelet com o ângulo em que a excitação de torção foi aplicada foi calculada. O estudo da correlação desta variação com o padrão de respiração da fenda foi feito neste trabalho. Neste trabalho, a metodologia de deteção dá uma assinatura de resposta de vibração que se correlaciona intimamente com e foi específica para o comportamento da fenda de superfície transversal num rotor horizontal. As caraterísticas da resposta não foram exibidas por outras falhas comuns do rotor sob condições de excitação semelhantes. O processo de deteção foi aplicado a um veio em rotação por um curto período de tempo, a excitação externa transitória tornou a metodologia mais conveniente.

A. S. Sekhar [8] fez a deteção e monitorização de fissuras oblíquas no sistema de rotor utilizando impedância mecânica. A propagação de fissuras de fadiga tem efeitos na fiabilidade das máquinas rotativas, tais como turbomáquinas e máquinas de processo. Este artigo também sintetiza vários trabalhos dos autores sobre rotores fissurados para comparar os dois tipos de fissuras no veio. A deteção de fissuras baseia-se em alterações da impendência mecânica, na análise de valores próprios, na resposta em estado estacionário e transiente. As técnicas Wavelet foram discutidas neste artigo para comparar a fissura oblíqua com a fissura transversal.

A. S. Sekhar [11] analisou o comportamento dinâmico de estruturas, em particular rotores com fissuras, como um assunto de considerável interesse atual. O comportamento dinâmico de rotores com fissuras foi objeto de interesse para vários investigadores. Muitos investigadores desenvolveram modelos de sistemas de rotores com fissuras, considerando principalmente a fissura superficial transversal. Neste trabalho, o estudo **da análise por elementos finitos "FEM" de um sistema de rolamentos de um rotor** para vibrações de flexão foi considerado incluindo um veio com uma fenda oblíqua. Esta fenda oblíqua resultou da fadiga do veio devido ao momento de torção. Neste estudo, verificou-se que o espetro de frequência da resposta em regime permanente do rotor fissurado tem componentes de frequência subharmónicas num intervalo de frequência correspondente à frequência de torção. Esta frequência de torção é utilizada para a deteção de fissuras.

Resumo do documento e análise das lacunas:

Os problemas de vibração associados aos sistemas de engrenagens foram objeto do estudo de QinkaiHann. QinkaiHann debruçou-se sobre os factores de intensidade de tensão e a matriz de flexibilidade para as fissuras de tipo oblíquo. Yanli Lin estudou o sistema de rotor Jeffcott com uma fenda oblíqua de 45^0 no veio. Estudou as equações de movimento para quatro direcções. Com base na mecânica da fratura, Ashish K. Darpe derivou a matriz de flexibilidade para a fenda do tipo inclinada. Ele fez uma comparação entre fissuras inclinadas e transversais com a matriz de flexibilidade. Utilizando a impendência mecânica, A. S. Sekhar efectuou a deteção e a monitorização de fissuras oblíquas no sistema de rotor.

A maioria dos autores concentrou-se em diferentes localizações de fendas, com velocidade variável do veio e orientação do ângulo de fenda. Foi dada menos atenção à variação da carga e ao efeito da fissura oblíqua em diferentes materiais do veio. Neste estudo, a atenção centrou-se na carga e na orientação do ângulo de fissura.

CAPÍTULO 3

FORMULAÇÃO DE PROBLEMAS

Com o aumento da procura de máquinas de alta velocidade e precisão na era industrial, a deteção de defeitos em veios rotativos torna-se importante para os engenheiros. Muita investigação está a ser dirigida para a deteção e diagnóstico de vários tipos de defeitos nos veios e também nos rotores. Em estudos de investigação anteriores, foi realizada uma quantidade significativa de investigação na área da deteção de fissuras em sistemas, utilizando o método de modelação teórica, bem como o método experimental.

Na experimentação, foram efectuadas as caraterísticas dinâmicas do veio rotativo com fendas oblíquas. A configuração experimental é desenvolvida para analisar o desempenho do veio rotativo com defeito de fenda oblíqua. Para a experimentação, são selecionados três materiais para uma melhor análise do desempenho, ou seja, EN8, EN24 e SS304. Com a ajuda da FFT (Fast Fourier Transform), são registadas leituras experimentais para os três casos de materiais. Além disso, estas leituras experimentais são registadas em vários locais com velocidades variáveis de 500 rpm a 2000 rpm, aplicando cargas de 0,5 kg, 0,25 kg e 0,35 kg no veio.

As quatro localizações das fissuras são selecionadas em 150 mm, 300 mm, 400 mm e 550 mm (do lado do motor elétrico) para o veio rotativo com um comprimento de trabalho de 700 mm. As orientações das fendas oblíquas são selecionadas como 30^0 , 45^0 e 60^0 com o eixo longitudinal do veio rotativo. Os resultados experimentais são validados com os resultados da simulação baseada em software (ANSYS).

CAPÍTULO 4

EXPERIMENTAÇÃO

O estudo do comportamento dinâmico dos veios rotativos sob a influência de um defeito, como uma fenda oblíqua na superfície dos veios, tem sido o principal foco de atenção. A presença de um defeito pode levar a um efeito perigoso nas máquinas rotativas. Por conseguinte, a deteção atempada de defeitos evitaria potencialmente danos graves e reparações dispendiosas devido à falha de máquinas rotativas. Também ajuda a evitar qualquer causalidade humana devido a uma falha catastrófica. A experimentação é efectuada em veios intactos e veios com defeitos, com a configuração experimental mostrada na fig.4.1. Para a experimentação, são selecionados três tipos de materiais: EN8, EN24 e SS304. A experimentação é efectuada utilizando o analisador FFT disponível na faculdade de engenharia SKN Sinhgad, Korti, Pandharpur. Estes resultados experimentais são registados na memória do computador. As variações de velocidade são de 500, 1000, 1500 e 2000 rpm para a experimentação.

4.1 ARRANJO

A configuração do ensaio é a mostrada na fig. 4.1, que consiste em veios de ensaio com rolamentos de esferas suportados e acionados por um motor de corrente contínua.

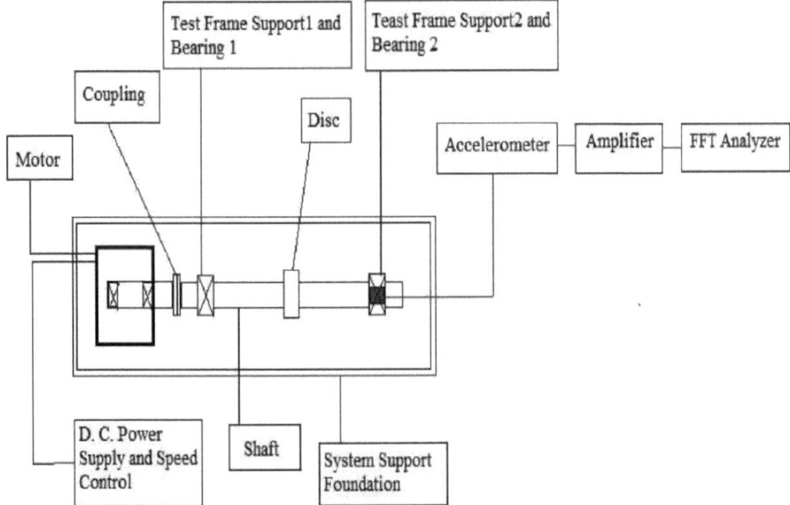

Fig.4.1 Vista superior da disposição da instalação experimental

4.2 ESPECIFICAÇÕES DOS COMPONENTES

4.2.1 D. C. Motor

O motor é utilizado para fornecer o acionamento ao veio e rodar o veio à velocidade pretendida, como mostra a Fig.4.2.

As especificações do motor CC são as seguintes

- Marca: SEIMENS
- Potência nominal de saída (kW/HP): 0,75/1

- Velocidade (RPM): 2880
- Fase: Três
- Tensão (Volts): 415
- Frequência de alimentação (Hz): 50
- Corrente máxima absorvida (A): 1,7
- Classe de isolamento: F

Figura 4.2 Motor D. C

4.2.2 Rolamentos de pedestal :

O rolamento de pedestal é utilizado para suportar o eixo durante a sua rotação.

- Número de bolas: 8
- Diâmetro da esfera: 0,00795 m
- Distância radial: $11{,}285*10^{-}$ 6m
- Diâmetro do furo: 0,02 m
- Diâmetro exterior: 0,047 m
- Diâmetro do passo: 0,03350 m.

Fig 4.3 Rolamento do pedestal

4.2.3. Eixos

O veio é utilizado para transmitir o movimento do motor para a chumaceira de ensaio.

As especificações do veio são as seguintes

- Materiais: EN8, EN24 e SS304
- Diâmetro (mm): 21
- Comprimento (mm): 700 (Comprimento de trabalho)
- Orientação da fenda: 300, 450 e 600 com o eixo longitudinal do veio
- Localização da fenda: 150 mm, 300 mm, 400 mm e 550 mm (do lado do motor elétrico)
- Método de fissuração desenvolvida: Maquinação por Descarga Eléctrica com Corte de Fio

4.2.4. Disco

O principal objetivo do disco é carregar o veio. Por isso, o disco é ajustado para as condições de carga. O ajuste do parafuso Allen é efectuado para tornar o disco ajustável. As especificações do disco são as seguintes

- Material: EN8
- Diâmetro interior (mm): 21
- Diâmetro exterior (mm):90
- Espessura (mm): 15
- Pesos dos discos: 0,25, 0,35 e 0,5 kg

4.3 INSTRUMENTAÇÃO

A instrumentação consiste num sensor de aceleração, num analisador de espetro FFT e numa unidade de controlo de velocidade. O sensor de aceleração tem uma base magnética para montagem na caixa de rolamentos e a outra extremidade está ligada ao analisador de espetro FFT. O analisador de espetro FFT é utilizado para registar o espetro de vibração correspondente. A unidade de controlo de velocidade é utilizada para variar a tensão fornecida ao motor CC de modo a que a sua velocidade varie.

4.3.1. Sensor de aceleração

Um sensor de aceleração com cabo e a sua base magnética é apresentado na Fig. 4.4.

As especificações do sensor de aceleração são as seguintes

- Marca: Dytran 3185 D
- Sensibilidade (mV por m/s^2): 10
- Gama de escala completa para saída de +/- 5V (m/s^2): +/- 500
- Gama de frequências: 2 Hz a 8 KHz
- Saída (mV por m/s^2): 10

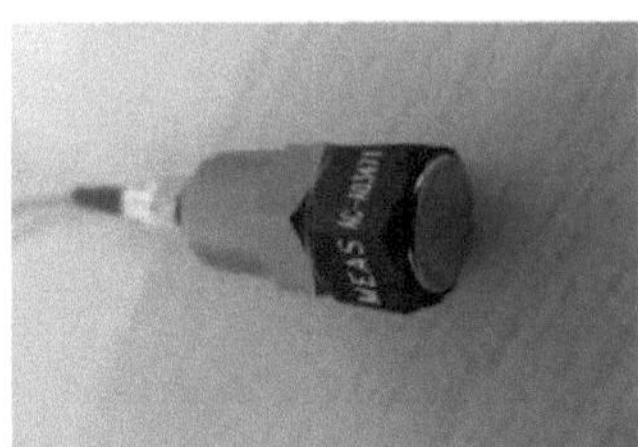

Figura 4.4 Sensor de aceleração com cabo e base magnética

4.3.2. Analisador FFT

Muitas vezes, uma transformação é realizada para proporcionar uma compreensão melhor ou mais clara de um fenómeno. Ao utilizar uma representação em série de Fourier, o sinal temporal original pode ser facilmente transformado e muito melhor compreendido. O analisador FFT pega num sinal de entrada que varia no tempo e calcula o seu espetro de frequência. Se o sinal no domínio do tempo for periódico, então o seu espetro é provavelmente dominado por um único componente de frequência. O que o analisador de espetro faz é representar o sinal no domínio do tempo pelas suas frequências componentes.

Os tipos de análises que podem ser feitas usando o analisador FFT são

1. Análise do envelope

2. Análise Espectral

3. Curtose espetral

4. Análise Cepstrum

5. Análise estatística

As especificações do analisador FFT são as seguintes

6. Marca: DEWESoft7

7. Gama de frequências: 0,7 Hz a 22,6 KHz

8. Taxa de amostragem: 200 KHz

9. Memória: 16 MB, não volátil, tipo flash

10. FFT: Até 1600 linhas com janelas Hanning, Kaiser-Bessel, Flat top, Retangular

11. Constantes de tempo: 100 ms a 10 s

12. Resultados: RMS, Pico, Pico-Pico, Mínimo ou Máximo, Medição simultânea em 3 perfis com conjunto independente de filtros e constantes de tempo do detetor.

A fotografia do analisador de espetro FFT é apresentada na Fig.4.5

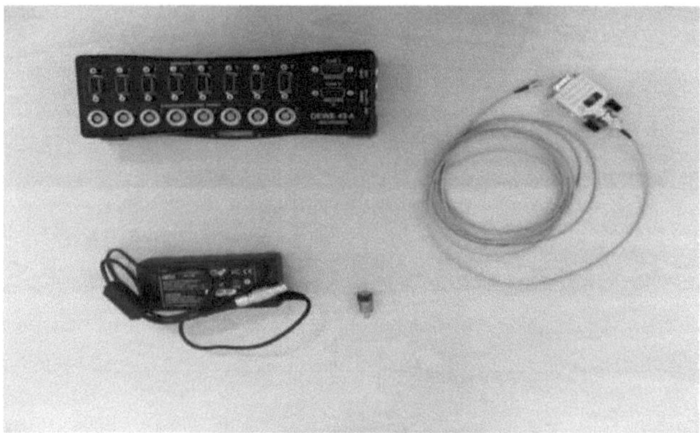

Fig 4.5 Kit de análise FFT

4.3.3. DEWE - 43A:

Esta é a parte do kit FFT que é utilizada para converter os sinais do sensor na forma necessária, ou seja, converte o sinal analógico em digital.

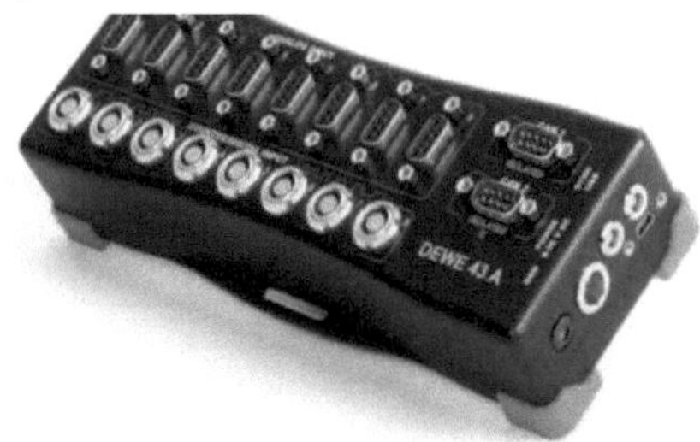

Fig 4.6 DEWE - 43A

8 entradas analógicas, 8 entradas de contador e 2 portas de bus can, entrada multi-sensor, amostragem

simultânea, 200 kHz/canal, 24 bits, sem alias, gama de tensão variável (10 V, 1 V, 100 mV, 10 mV), ± 5 V, alimentação do sensor de 12 V

4.3.4. Acionamento de controlo de velocidade (Dimmerstat)

As especificações do Dimmerstat são as seguintes

- Tipo de modelo: Portátil, fechado, manual
- Tipo de arrefecimento: Arrefecimento por ar
- Tensão de funcionamento: 240 V CA, 50-60 Hz, monofásico
- Corrente nominal: Depende da tensão de saída continuamente variável
- Temperatura de funcionamento: 00-450 C

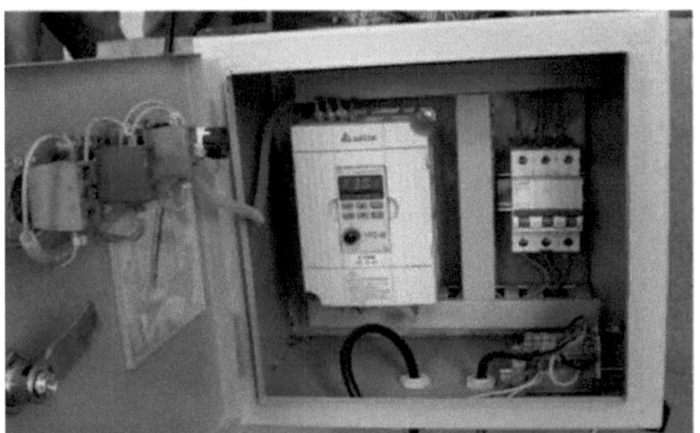

Fig. 4.7 Acionamento de controlo de velocidade

4.4. ESTUDO PARAMÉTRICO

Para a análise das vibrações de veios com fissuras oblíquas, são efectuadas experiências com alteração de vários parâmetros de funcionamento. As tabelas seguintes mostram as experiências-piloto e as experiências finais.

Tabela 4.1 Casos de veios sãos e com fissuras oblíquas para o piloto Resultados experimentais

Case No.	Description
1	Healthy shafts of materials EN8, EN24 and SS304 with speed variations of 500, 1000, 1500 and 2000rpm with 45^0 orientation of crack and 0.5 kg disc weight.
2	Crack on shaft at 150mm from motor side of materials EN8, EN24 and SS304 with speed variations of 500, 1000, 1500 and 2000rpm with 45^0 orientation of crack and 0.5 kg disc weight.
3	Crack on shaft at 300mm from motor side of materials EN8, EN24 and SS304 with speed variations of 500, 1000, 1500 and 2000rpm with 45^0 orientation of crack and 0.5 kg disc weight.

4	Crack on shaft at 400mm from motor side of materials EN8, EN24 and SS304 with speed variations of 500, 1000, 1500 and 2000rpm with 45^0 orientation of crack and 0.5 kg disc weight.
5	Crack on shaft at 550mm from motor side of materials EN8, EN24 and SS304 with speed variations of 500, 1000, 1500 and 2000rpm with 45^0 orientation of crack and 0.5 kg disc weight.

Tabela 4.2 Casos de veios sãos e com fissuras oblíquas para os resultados experimentais finais

Case No.	Description
1	EN8 material healthy shafts with speeds 500, 1000, 1500 and 2000 rpm with weight variations 0.25, 0.35 and 0.5 kg.
2	EN8 material shafts with speeds 500, 1000, 1500 and 2000 rpm with crack orientation 30^0 with weight variations 0.25, 0.35 and 0.5 kg and crack at location 150mm on shaft.
3	EN8 material shafts with speeds 500, 1000, 1500 and 2000 rpm with crack orientation 45^0 with weight variations 0.25, 0.35 and 0.5 kg and crack at location 150mm on shaft.
4	EN8 material shafts with speeds 500, 1000, 1500 and 2000 rpm with crack orientation 60^0 with weight variations 0.25, 0.35 and 0.5 kg and crack at location 150mm on shaft.

No total, foram selecionados para o trabalho experimental cinco veios (um intacto e quatro com fissuras) para cada material (EN8, EN24 e SS304). São selecionadas quatro localizações diferentes de fendas para cada veio fissurado. Além disso, mais dois veios com orientação de fissura diferente (30^0 e 60^0) são também utilizados para o trabalho experimental. Assim, no total, são utilizados 17 veios para todo o trabalho experimental.

4.5. PROCEDIMENTO DE OBTENÇÃO DE RESULTADOS

1. Inicialmente, foram efectuadas experiências-piloto para observar as leituras no analisador FFT. Os resultados experimentais piloto e finais são explicados no capítulo 5.
2. As leituras experimentais foram efectuadas para diferentes velocidades do veio, para fendas oblíquas nos veios, respetivamente, para todos os casos discutidos no estudo paramétrico.
3. Um sensor de aceleração com a sua sonda magnética foi ligado à caixa da chumaceira de ensaio. Este sensor é mantido na chumaceira que está do lado oposto ao motor. Um analisador de espetro FFT foi

alimentado por uma fonte DC externa e ligado ao sensor.

4. Foi ligado um motor de corrente contínua. A velocidade do veio foi medida com um tacómetro digital. A uma RPM conhecida de um veio, o espetro foi registado através do analisador de espetro FFT.
5. A velocidade do motor foi gradualmente aumentada utilizando um regulador de velocidade que foi ligado em série com o motor. Os espectros correspondentes foram registados através do analisador de espectros FFT.
6. O veio de teste com fendas inclinadas foi então desmontado da caixa. Um outro veio conhecido foi introduzido no mesmo e depois foi montado de novo.
7. O passo n.º 3,4,5,6 foi repetido para os três materiais do veio saudável e do veio fissurado inclinado.
8. Assim, todos os casos discutidos no estudo paramétrico foram testados experimentalmente.

CAPÍTULO 5

RESULTADOS E DISCUSSÃO

5.1 ESPECTROS OBSERVADOS DO ANALISADOR FFT

Os resultados experimentais obtidos com o analisador FFT são discutidos a seguir. As leituras experimentais são efectuadas para veios intactos e veios fissurados com variação de velocidade. Além disso, a resposta em frequência é obtida para o veio fissurado.

Os vários parâmetros selecionados para o trabalho experimental são:

1) Localização da fissura (150 mm, 300 mm, 400 mm e 550 mm) (do lado do motor elétrico) para os materiais EN8, EN24 e SS304.
2) Orientações da fenda (30^0 , 45^0 e 60^0 com o eixo longitudinal do veio) para o material EN8.
3) Variações da velocidade do veio (500 rpm, 1000 rpm, 1500 rpm e 2000 rpm) para os materiais EN8, EN24 e SS304.
4) Peso do disco central (0,25 kg, 0,35 kg e 0,5 kg) para os materiais EN8, EN24 e SS304.

5.1.1 RESULTADOS EXPERIMENTAIS DA EXPERIÊNCIA-PILOTO

Caso 1: Leituras de veios saudáveis

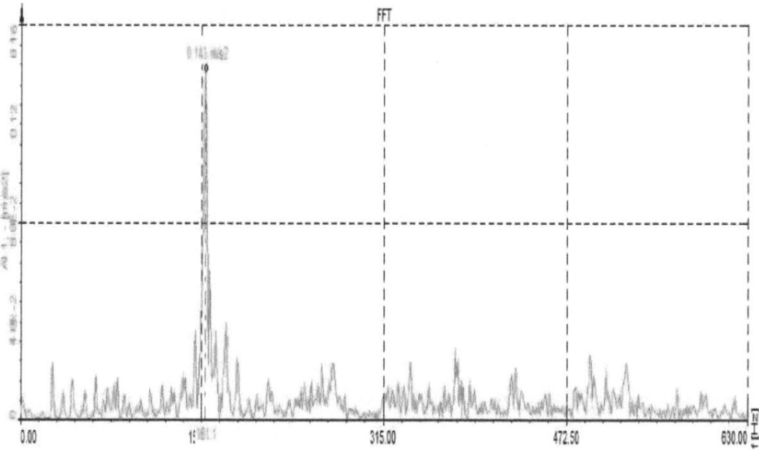

Fig. 5.1(a) Espectro de frequência experimental do analisador FFT para veio saudável de EN8 a uma velocidade de 500 rpm com um peso de disco de 0,5 kg

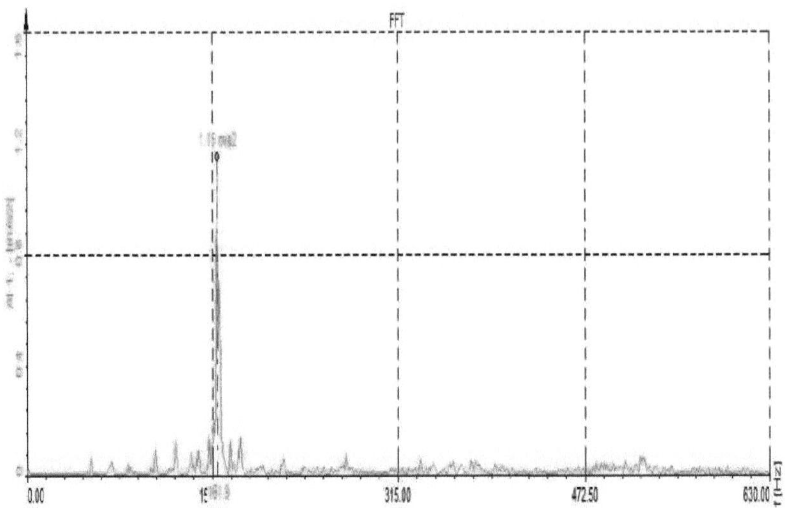

Fig. 5.1(b) Espectro de frequência experimental do analisador FFT para veio saudável de EN8 a uma velocidade de 1000 rpm com um peso de disco de 0,5 kg

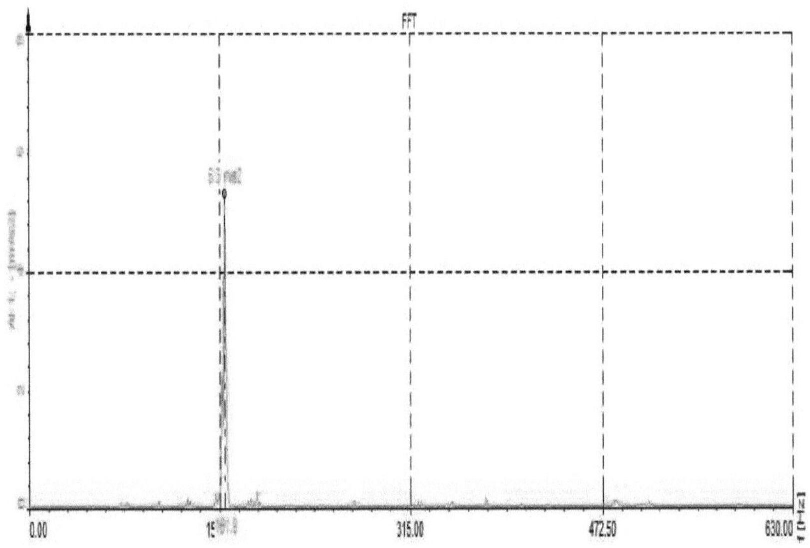

Fig. 5.1 c) Espectro de frequências experimental do analisador FFT para um veio saudável de EN8 a uma velocidade de 1500 rpm com um peso de disco de 0,5 kg

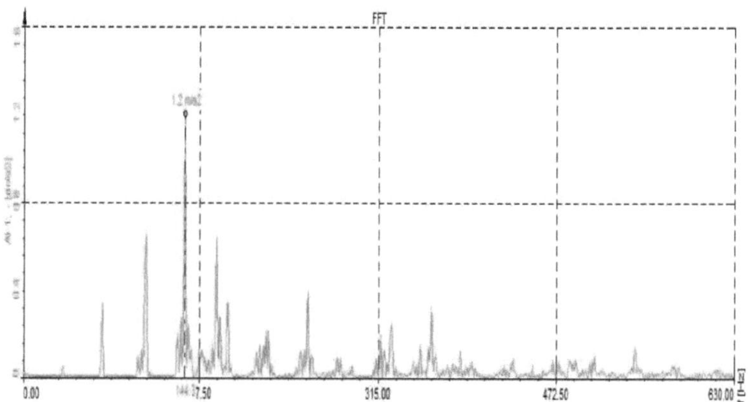

Fig. 5.1(d) Espectro de frequência experimental do analisador FFT para o veio saudável da EN8 à velocidade de 2000 rpm com um peso de disco de 0,5 kg

A representação tabular da comparação do veio saudável dos materiais EN8, EN24 e SS304 é apresentada na tabela seguinte n.º 5.1.

Tabela n.º 5.1 Representação tabular dos resultados do veio saudável dos materiais EN8, EN24 e SS304 do analisador FFT

Shaft Speed(rpm)	Amplitude(m/s^2)		
	EN8	EN24	SS304
500	0.1431	0.1510	0.1128
1000	1.1505	0.6436	1.0565
1500	5.3005	3.5784	2.8897
2000	1.1269	0.8731	1.0232

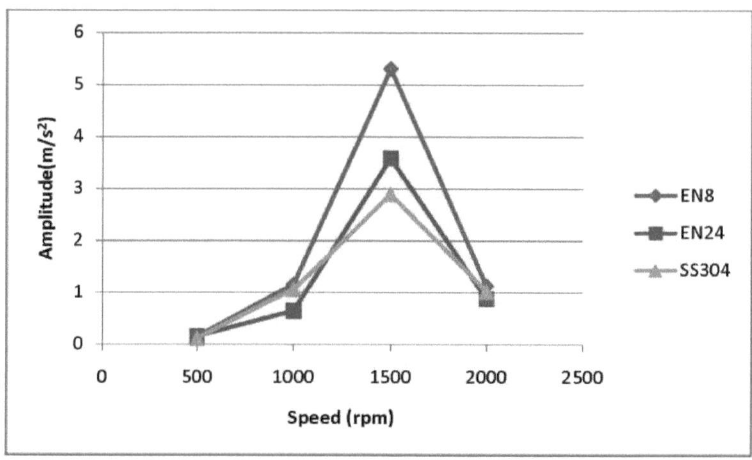

Fig. 5.1 (e) Representação gráfica dos valores de amplitude para o veio são dos materiais EN8, EN24 e SS304

A fig. 5.1 (a) a (d) acima mostra os resultados experimentais traçados para um veio saudável de material EN8. O mesmo pode ser representado para o material EN24 e SS304. Os valores dos resultados para veios sãos dos materiais EN8, EN24 e SS304 são comparados na tabela no. 5.1. A fig. 5.1 (e) acima mostra o gráfico traçado para os materiais EN8, EN24 e SS304. A amplitude é mais elevada para o material EN8 para cada velocidade (500 rpm a 2000 rpm) em comparação com os materiais EN24 e SS304.

Caso 2: Leituras para 45^0 veio fendido numa localização de 150 mm para um peso de disco de 0,5 kg

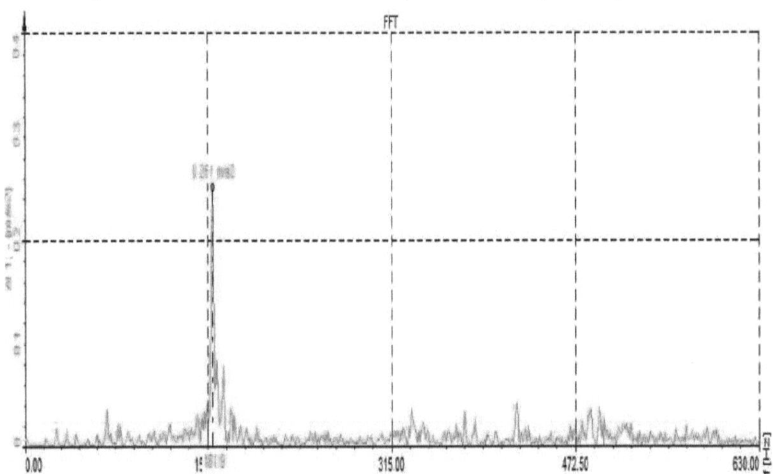

Fig. 5.2(a) Espectro de frequências experimental do analisador FFT para a fissura numa localização de 150 mm no veio da EN8 a uma velocidade de 500 rpm com um peso de disco de 0,5 kg

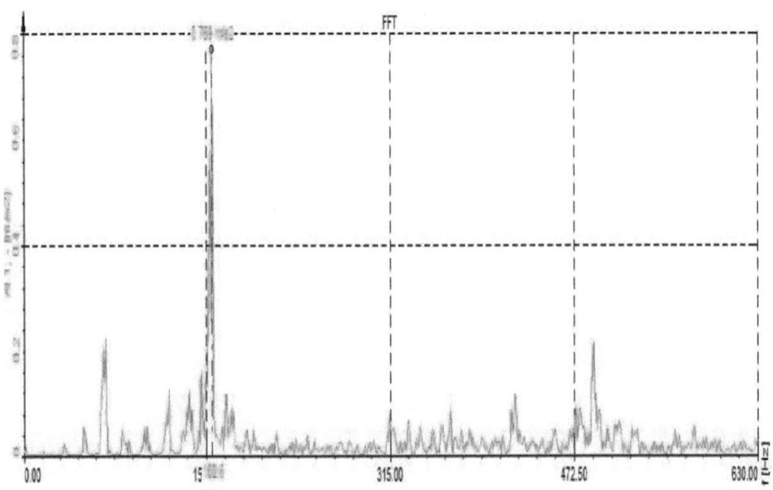

Fig. 5.2 b) Espectro de frequências experimental do analisador FFT para a fissura numa localização de 150 mm no veio da EN8 a uma velocidade de 1000 rpm com um peso de disco de 0,5 kg

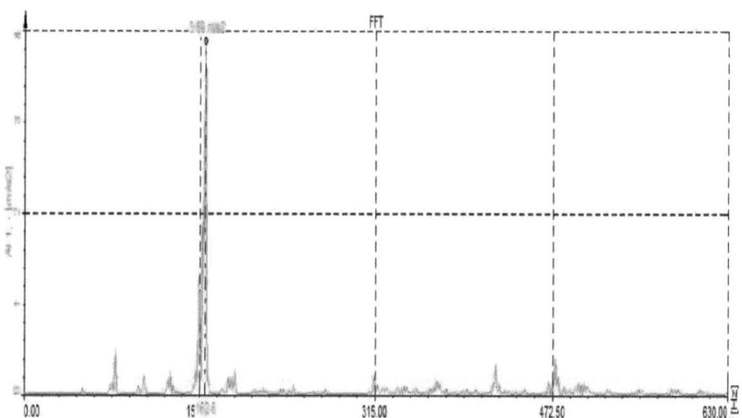

Fig. 5.2(c) Espectro de frequências experimental do analisador FFT para a fissura numa localização de 150 mm no veio da EN8 a uma velocidade de 1500 rpm com um peso de disco de 0,5 kg

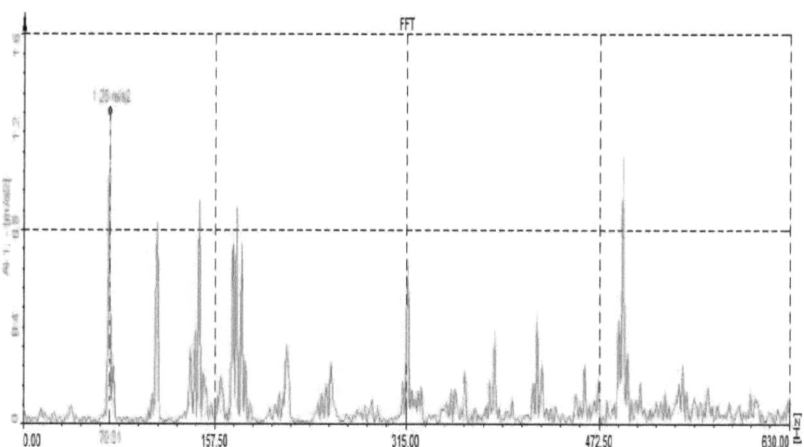

Fig. 5.2 d) Espectro de frequências experimental do analisador FFT para a fissura numa localização de 150 mm no veio da EN8 a uma velocidade de 2000 rpm com um peso de disco de 0,5 kg

A representação tabular da comparação do veio dos materiais EN8, EN24 e SS304 para a localização da fissura de 150 mm é apresentada na tabela seguinte n.º 5.2.

Tabela n.º 5.2 Representação tabular dos resultados para a fissura na localização da fissura a 150 mm para os materiais EN8, EN24 e SS304 a partir do analisador FFT

Shaft Speed(rpm)	Amplitude(m/s^2)		
	EN8	EN24	SS304
500	0.2332	0.1385	0.2167
1000	0.7610	0.4224	0.4676
1500	3.8907	2.1727	1.2810
2000	1.2802	0.5165	0.6466

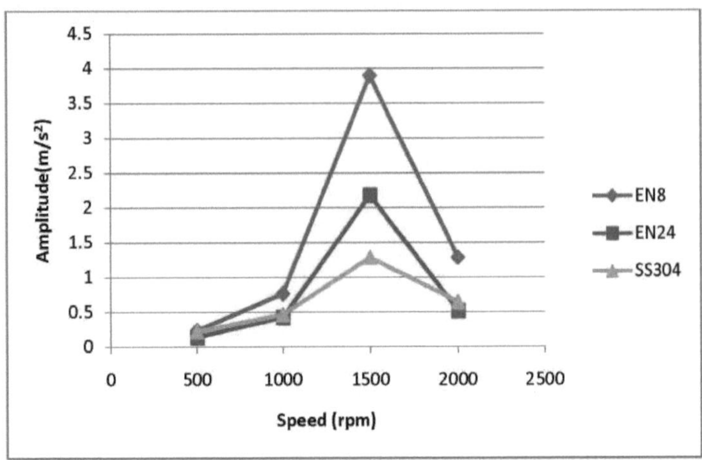

Fig. 5.2 (e) Representação gráfica dos valores de amplitude para os veios dos materiais EN8, EN24 e SS304 para uma orientação de fenda oblíqua de 45^0 a uma orientação de fenda de 150 mm

A fig. 5.2 (a) a (d) acima mostra os resultados experimentais traçados para a fissura no local de 150 mm no veio do material EN8. O mesmo pode ser representado para os materiais EN24 e SS304. Os valores dos resultados para a fissuração a 150 mm dos veios dos materiais EN8, EN24 e SS304 são comparados na tabela nº. 5.2. À medida que a velocidade do veio aumenta, a amplitude da vibração aumenta de 500 rpm para 1500 rpm. Mas depois das 1500 rpm, à medida que a velocidade do veio aumenta, a amplitude diminui. Para além disso, a amplitude mais elevada é observada para o material EN8 em comparação com o EN24 e o SS304.

Caso 3: Leituras para 45^0 veio fissurado numa localização de 300 mm para um peso de disco de 0,5 kg

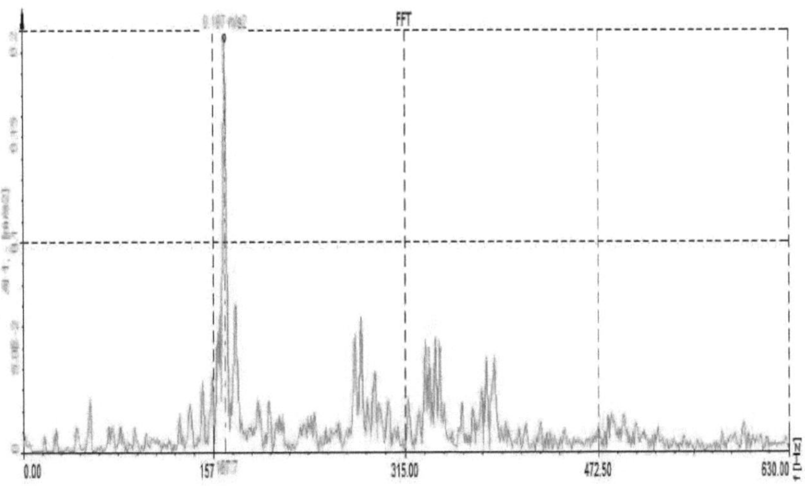

Fig. 5.3 a) Espectro de frequências experimental do analisador FFT para a fissura numa localização de 300 mm no veio da EN8 a uma velocidade de 500 rpm com um peso de disco de 0,5 kg

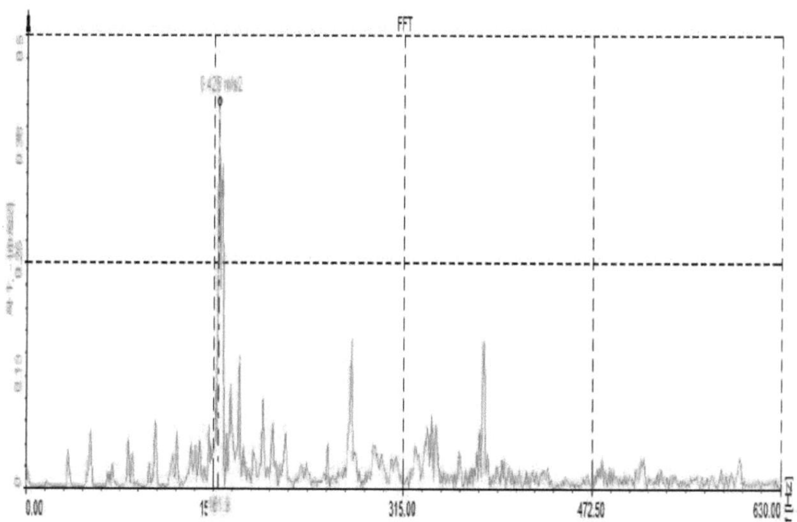

Fig. 5.3(b) Espectro de frequências experimental do analisador FFT para a fissura numa localização de 300 mm no veio da EN8 a uma velocidade de 1000 rpm com um peso de disco de 0,5 kg

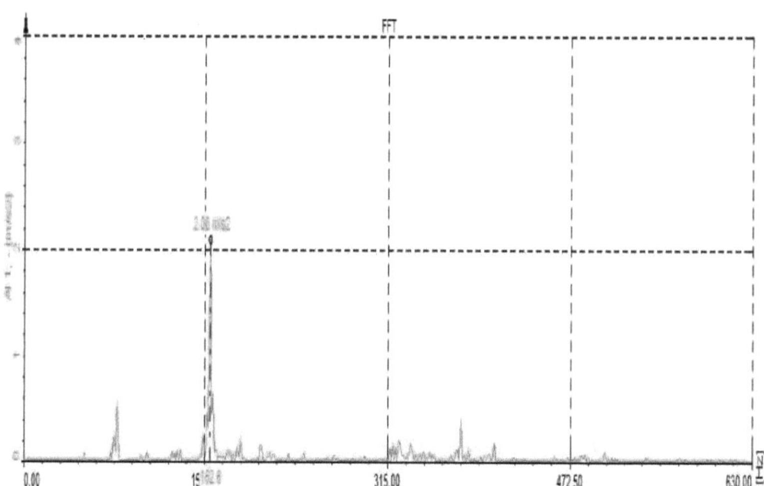

Fig. 5.3(c) Espectro de frequências experimental do analisador FFT para a fissura numa localização de 300 mm no veio da EN8 a uma velocidade de 1500 rpm com um peso de disco de 0,5 kg

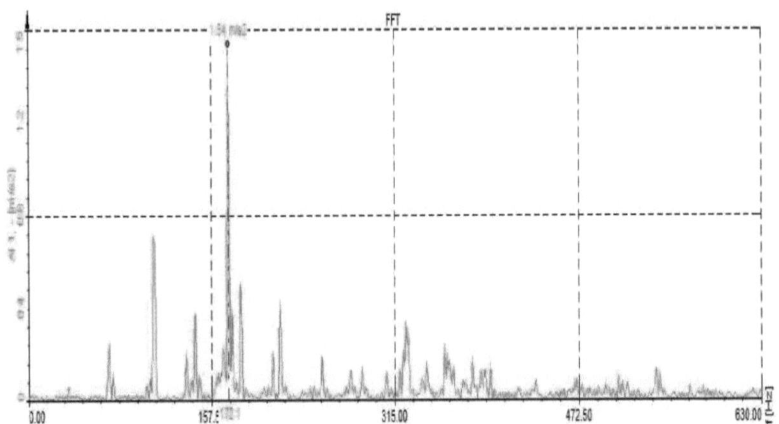

Fig. 5.3(d) Espectro de frequências experimental do analisador FFT para a fissura numa localização de 300 mm no veio da EN8 a uma velocidade de 2000 rpm com um peso de disco de 0,5 kg

A representação tabular da comparação do veio dos materiais EN8, EN24 e SS304 para a localização da fissura de 300 mm é apresentada na tabela seguinte n.º 5.3.

Tabela n.º 5.3 Representação tabular dos resultados para a fissura na localização da fissura a 300 mm para os materiais EN8, EN24 e SS304 a partir do analisador FFT

Shaft Speed(rpm)	Amplitude(m/s²)		
	EN8	**EN24**	**SS304**
500	0.1943	0.1368	0.1440
1000	0.4289	0.0405	0.5025
1500	2.0817	1.3192	0.9882
2000	1.5442	0.9128	0.5812

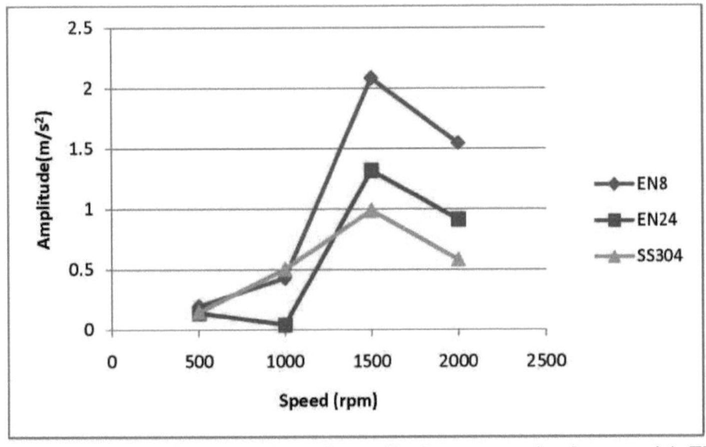

Fig. 5.3 (e) Representação gráfica dos valores de amplitude para os veios dos materiais EN8, EN24 e SS304 para uma orientação de fenda oblíqua de 45⁰ na localização da fenda de 300 mm

A fig. 5.3 (a) a (d) acima mostra os resultados experimentais traçados para a fissura numa localização de 300 mm no veio do material EN8. O mesmo pode ser representado para os materiais EN24 e SS304. Os valores dos resultados para a fissuração a 300 mm dos veios dos materiais EN8, EN24 e SS304 são comparados na tabela nº. 5.3. À medida que a velocidade do veio aumenta, a amplitude da vibração aumenta da velocidade de 500 rpm para 1500 rpm. Após as 1500 rpm, à medida que a velocidade do veio aumenta, a amplitude diminui.

Caso 4: Leituras para 45⁰ veio fissurado numa localização de 400 mm para um peso de disco de 0,5 kg

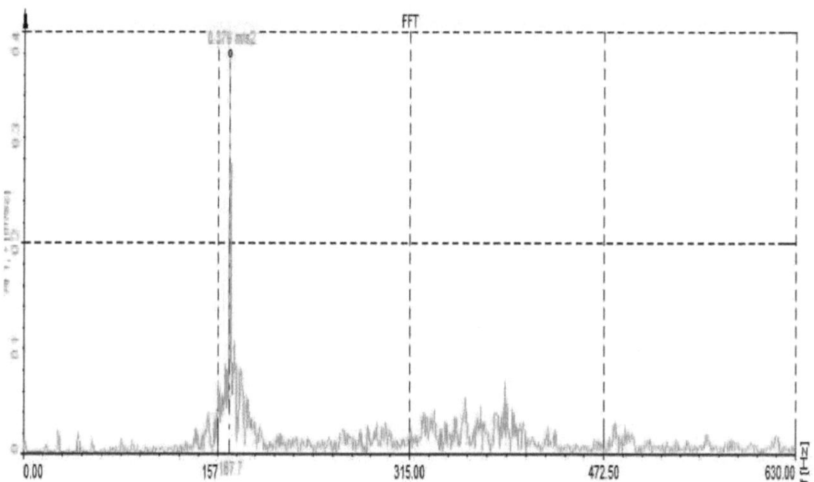

Fig. 5.4(a) Espectro de frequências experimental do analisador FFT para a fissura numa localização de 400 mm no veio da EN8 a uma velocidade de 500 rpm com um peso de disco de 0,5 kg

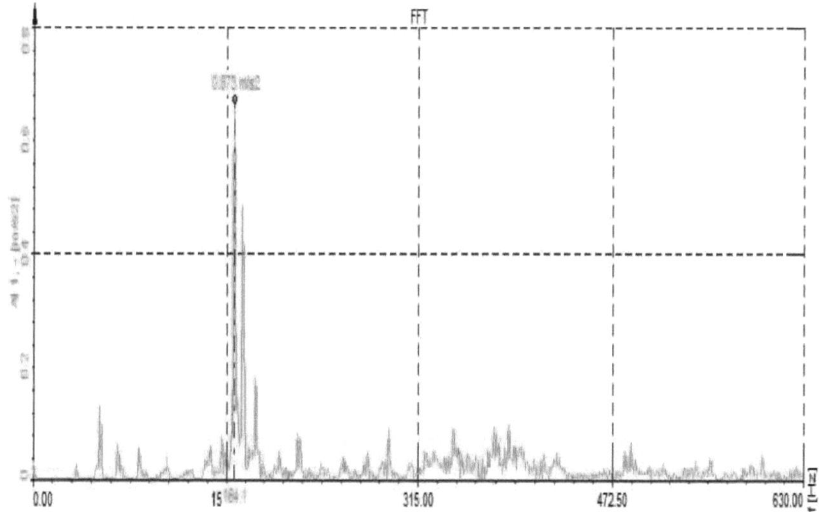

Fig. 5.4(b) Espectro de frequências experimental do analisador FFT para a fissura numa localização de 400 mm no veio da EN8 a uma velocidade de 1000 rpm com um peso de disco de 0,5 kg

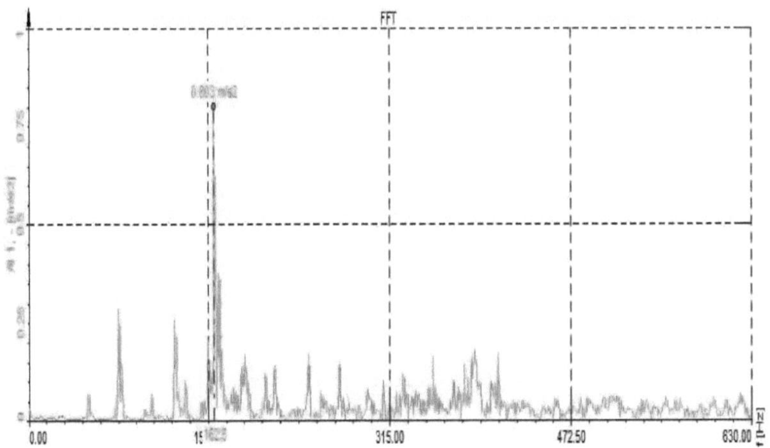

Fig. 5.4(c) Espectro de frequências experimental do analisador FFT para a fissura numa localização de 400 mm no veio da EN8 a uma velocidade de 1500 rpm com um peso de disco de 0,5 kg

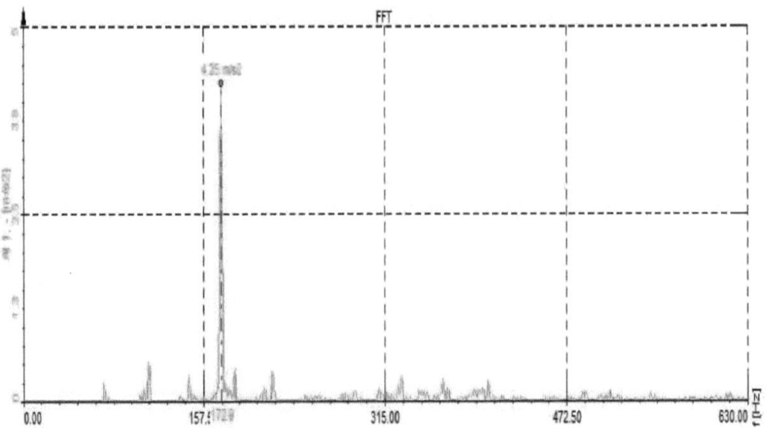

Fig. 5.4 d) Espectro de frequências experimental do analisador FFT para a fissura numa localização de 400 mm no veio da EN8 a uma velocidade de 2000 rpm com um peso de disco de 0,5 kg

A representação tabular da comparação do veio dos materiais EN8, EN24 e SS304 para a localização da fissura de 400 mm é apresentada na tabela seguinte n.º 5.4.

Tabela n.º 5.4 Representação tabular dos resultados para a fenda na localização da fenda de 400 mm para os materiais EN8, EN24 e SS304 a partir do analisador FFT

Shaft Speed(rpm)	Amplitude(m/s^2)		
	EN8	EN24	SS304
500	0.3792	0.1067	0.1848
1000	0.6735	0.3581	1.0587
1500	0.8032	1.6113	3.2189
2000	4.2592	0.3965	0.9864

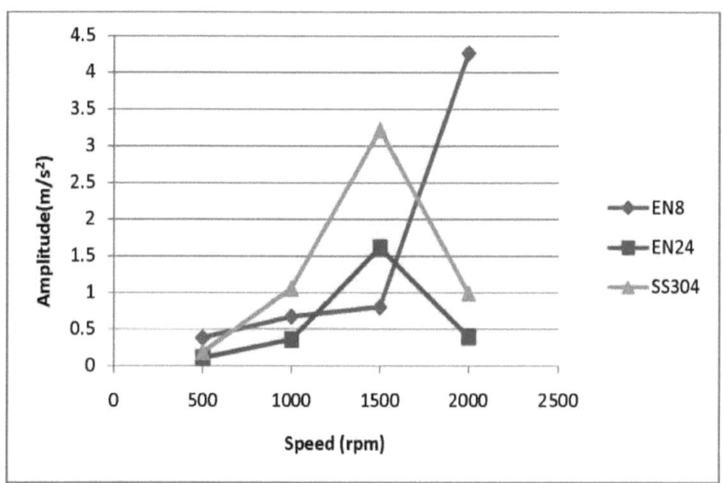

Fig. 5.4 (e) Representação gráfica dos valores de amplitude para os veios dos materiais EN8, EN24 e SS304 para uma orientação de fenda oblíqua de 45⁰ na localização da fenda de 400 mm

A fig. 5.4 (a) a (d) acima mostra os resultados experimentais traçados para a fissura na localização de 400 mm no veio do material EN8. O mesmo pode ser representado para os materiais EN24 e SS304. Os valores dos resultados para a fissura a 400 mm nos veios dos materiais EN8, EN24 e SS304 são comparados na tabela nº. 5.4. Para as velocidades de 1000 rpm e 1500rpm, o material SS304 apresenta uma amplitude mais elevada para este caso e o material EN8 apresenta uma amplitude mais elevada para 2000rpm. Além disso, para 2000 rpm, a amplitude do material EN8 aumenta e para EN24 e SS304 a amplitude diminui.

Caso 5: Leituras para 45⁰ veio fissurado numa localização de 550 mm para um peso de disco de 0,5 kg

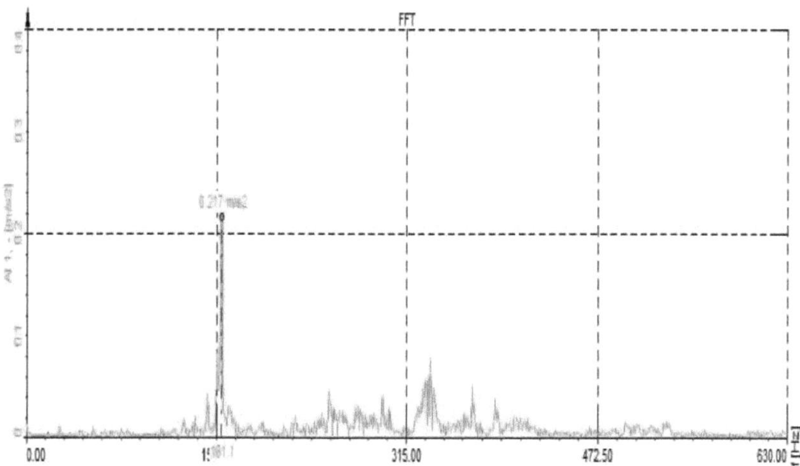

Fig. 5.5(a) Espectro de frequências experimental do analisador FFT para a fissura localizada a 550 mm no veio da EN8 a uma velocidade de 500 rpm com um peso de disco de 0,5 kg

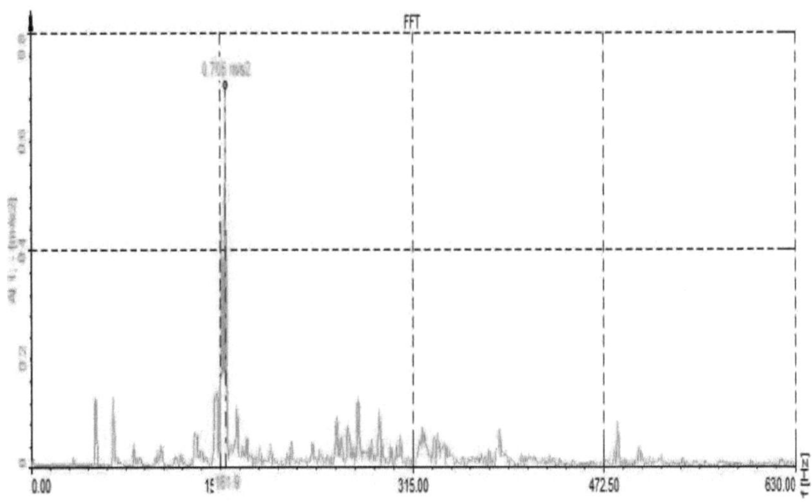

Fig. 5.5(b) Espectro de frequências experimental do analisador FFT para a fissura localizada a 550 mm no veio da EN8 a uma velocidade de 1000 rpm com um peso de disco de 0,5 kg

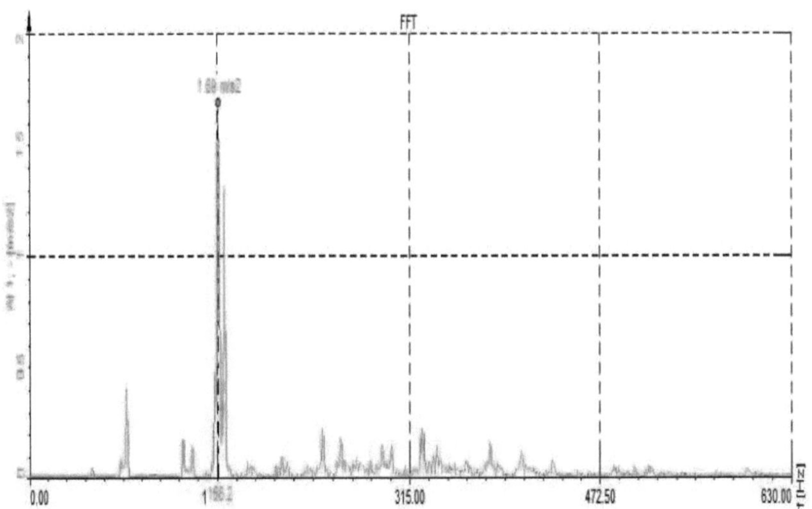

Fig. 5.5(c) Espectro de frequências experimental do analisador FFT para a fissura localizada a 550 mm no veio da EN8 a uma velocidade de 1500 rpm com um peso de disco de 0,5 kg

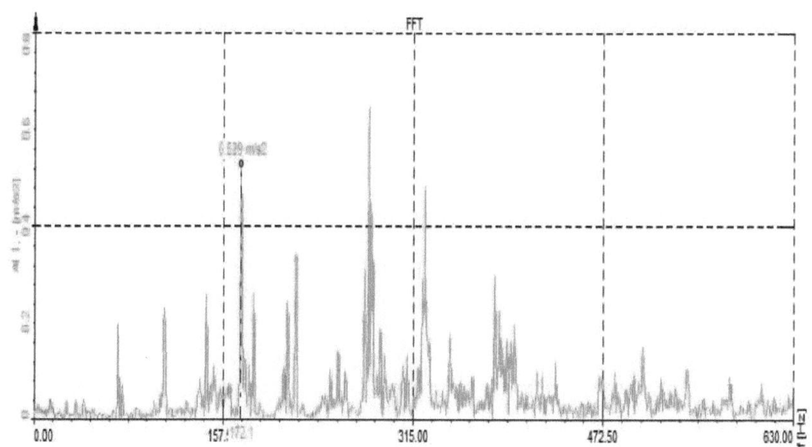

Fig. 5.5(d) Espectro de frequências experimental do analisador FFT para a fissura localizada a 550 mm no veio da EN8 a uma velocidade de 2000 rpm com um peso de disco de 0,5 kg

A representação tabular da comparação do veio dos materiais EN8, EN24 e SS304 para a localização da fissura de 550 mm é apresentada na tabela seguinte n.º 5.5.

Tabela n.º 5.5 Representação tabular dos resultados para a fissura na localização da fissura a 550 mm para os materiais EN8, EN24 e SS304 a partir do analisador FFT

Shaft Speed(rpm)	Amplitude(m/s^2)		
	EN8	EN24	SS304
500	0.2171	0.1468	0.0895
1000	0.7054	0.3581	0.3776
1500	1.6902	1.5599	1.2336
2000	0.5297	0.4676	0.6671

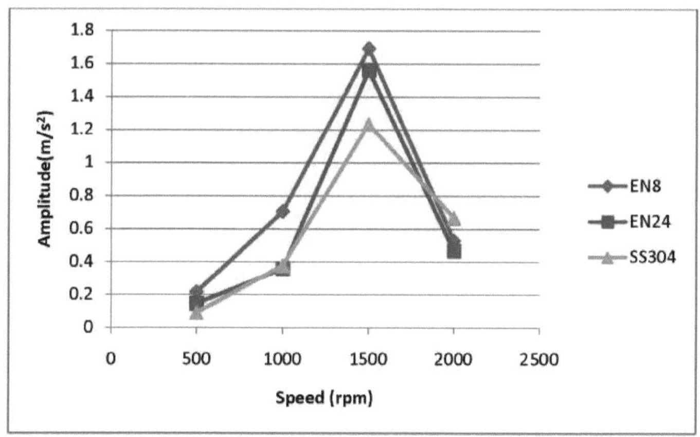

Fig. 5.5 (e) Representação gráfica dos valores de amplitude para os veios dos materiais EN8, EN24 e SS304 para uma orientação de fenda oblíqua de 45⁰ na localização da fenda de 550 mm

A fig. 5.5 (a) a (d) acima mostra os resultados experimentais traçados para a fissura na localização de 550 mm no veio do material EN8. O mesmo pode ser representado para os materiais EN24 e SS304. Os valores dos resultados para a fissura na localização de 550 mm dos veios dos materiais EN8, EN24 e SS304 são comparados na tabela no. 5.5. Para a velocidade de 1500 rpm, todos os materiais apresentam valores de amplitude elevados. A fig.5.5 (e) acima mostra que o material EN8 tem uma amplitude mais elevada do que os materiais EN24 e SS304

5.1.2 RESULTADOS EXPERIMENTAIS DA EXPERIMENTAÇÃO FINAL

Caso 1: Resultados para o material EN8 do veio saudável com variações de peso de 0,25, 0,35 e 0,5 kg

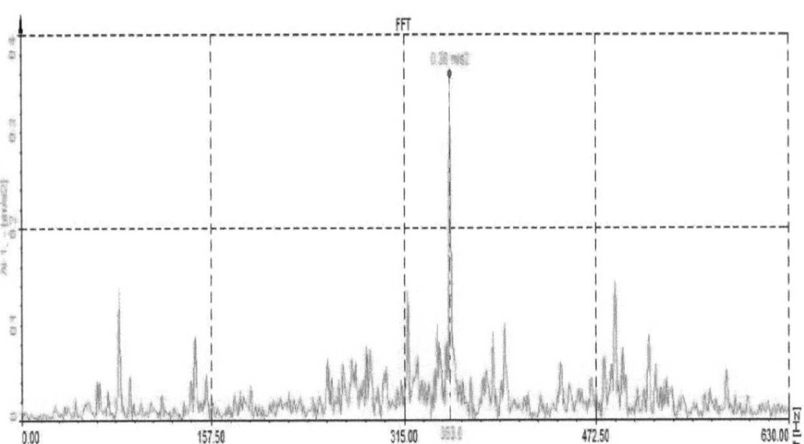

Fig. 5.6(a) Espectro de frequência experimental do analisador FFT para veio saudável de EN8 a uma velocidade de 500 rpm com um peso de disco de 0,35 kg

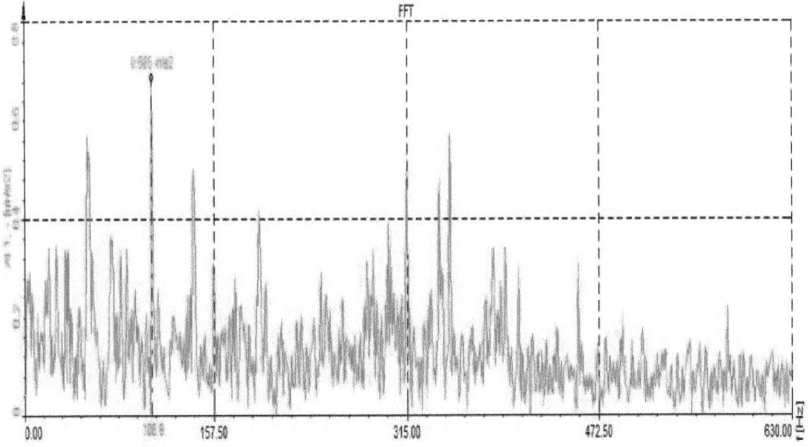

Fig. 5.6(b) Espectro de frequência experimental do analisador FFT para veio saudável de EN8 a uma velocidade de 1000 rpm com um peso de disco de 0,35 kg

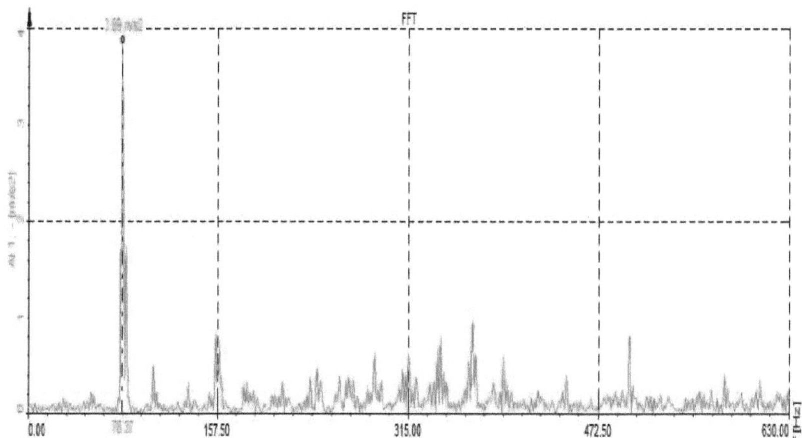

Fig. 5.6(c) Espectro de frequência experimental do analisador FFT para veio saudável de EN8 a uma velocidade de 1500 rpm com um peso de disco de 0,35 kg

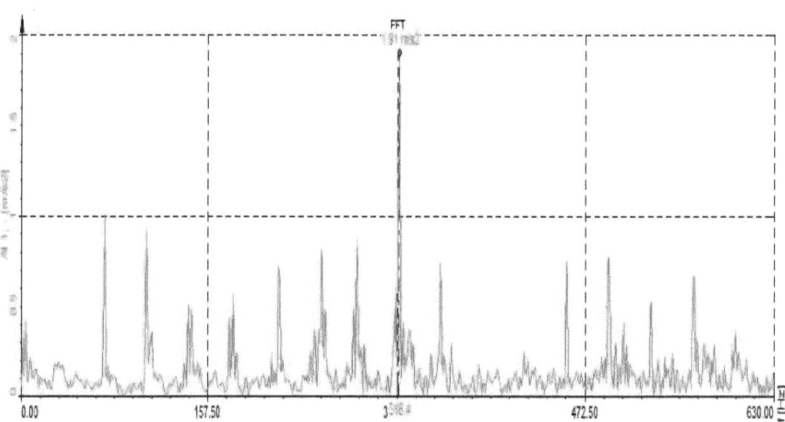

Fig. 5.6 d) Espectro de frequências experimental do analisador FFT para um veio saudável de EN8 à velocidade de 2000 rpm com um peso de disco de 0,35 kg

A representação tabular da comparação do veio saudável do material EN8 para um peso variável de 0,25, 0,35 e 0,5 kg é apresentada na tabela 5.6 abaixo

Tabela n.º 5.6 Representação tabular dos resultados para pesos de disco variáveis do analisador FFT no veio saudável de material EN8

Shaft Speed(rpm)	Amplitude(m/s^2)		
	0.25kg disc weight	0.35kg disc weight	0.5kg disc weight
500	0.1638	0.36	0.0822
1000	0.2295	0.685	0.2215
1500	1.4203	3.8912	0.4632
2000	4.35	1.91	0.4025

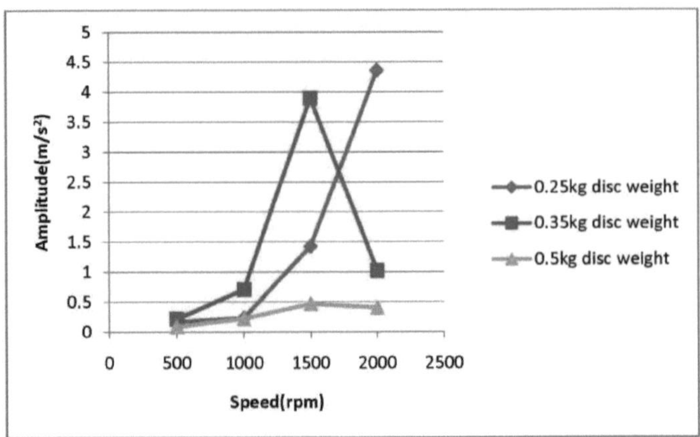

Fig. 5.6 (e) Representação gráfica dos valores de amplitude para o veio saudável de material EN8 com variações de carga de 0,25 kg, 0,35 kg e 0,5 kg

A fig. 5.6 (a) a (d) acima mostra os resultados experimentais traçados para um veio saudável de material EN8 com o peso do disco de 0,35 kg para velocidades de 500, 1000, 1500 e 2000 rpm. A tabela 5.6 acima mostra os resultados para pesos variáveis do disco de 0,25, 0,35 e 0,5 kg para um veio saudável de material EN8. A partir da tabela 5.6 acima, os resultados mostram que a amplitude da vibração aumenta com um peso menor do disco. A amplitude diminui com o aumento do peso. Os resultados do quadro acima mostram valores de amplitude mais elevados para a velocidade de 1500 e 2000 rpm. A fig.5.6 (e) mostra a representação gráfica das variações de peso no veio.

Caso 2: Resultados para 30^0 veio fissurado orientado de material EN8 com variações de peso de 0,25, 0,35 e 0,5 kg

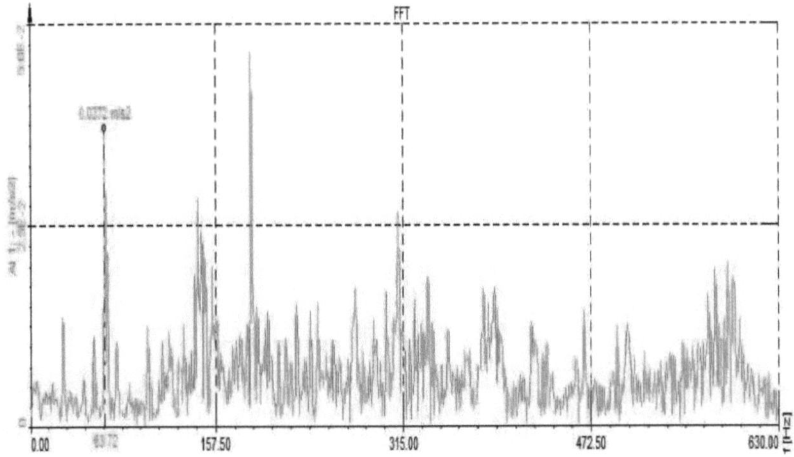

Fig. 5.7(a) Espectro de frequência experimental do analisador FFT para 30^0 orientação da fenda do veio de material EN8 na localização da fenda de 150 mm para uma velocidade de 500 rpm com um peso de

disco de 0,5 kg

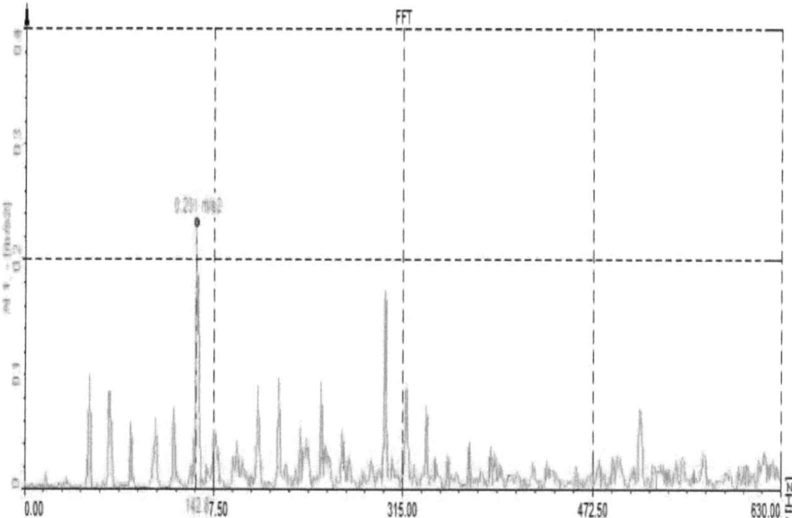

Fig. 5.7(b) Espectro de frequência experimental do analisador FFT para 30^0 orientação da fenda do veio de material EN8 na localização da fenda de 150 mm para uma velocidade de 1000 rpm com um peso de disco de 0,5 kg

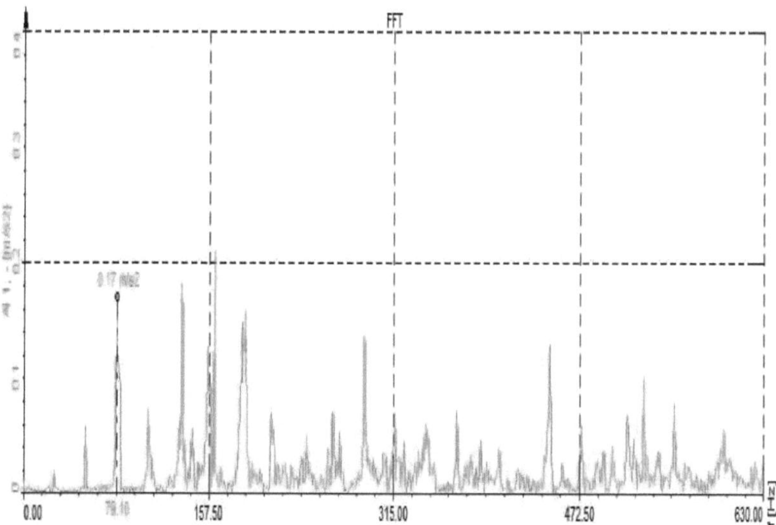

Fig. 5.7 c) Espectro de frequências experimental do analisador FFT para 30^0 orientação da fenda do veio de material EN8 na localização da fenda de 150 mm para uma velocidade de 1500 rpm com um peso de disco de 0,5 kg

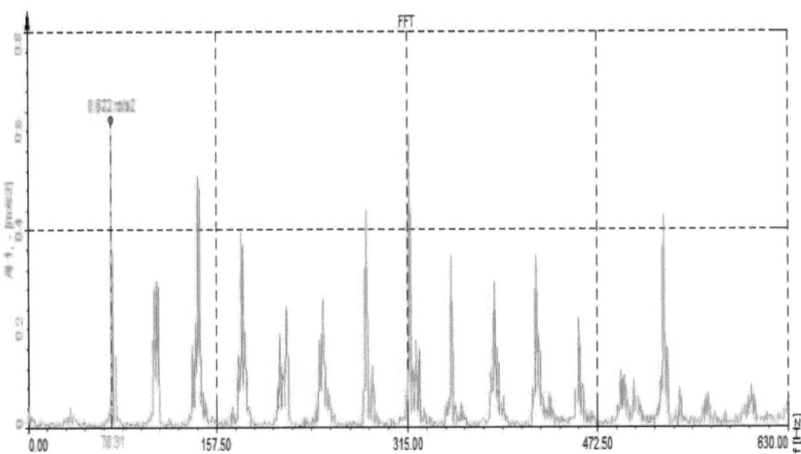

Fig. 5.7(d) Espectro de frequência experimental do analisador FFT para 30^0 orientação da fenda do veio de material EN8 na localização da fenda de 150 mm para uma velocidade de 2000 rpm com um peso de disco de 0,5 kg

Tabela n.º 5.7 Representação tabular dos resultados para pesos de disco variáveis do analisador FFT com 30^0 orientação da fenda no veio de material EN8 na localização da fenda de 150 mm

Shaft Speed(rpm)	Amplitude(m/s^2)		
	0.25kg disc weight	0.35kg disc weight	0.5kg disc weight
500	0.0496	0.032	0.0372
1000	0.1634	0.1553	0.2312
1500	0.3858	0.2270	0.1705
2000	1.5695	0.6382	0.6225

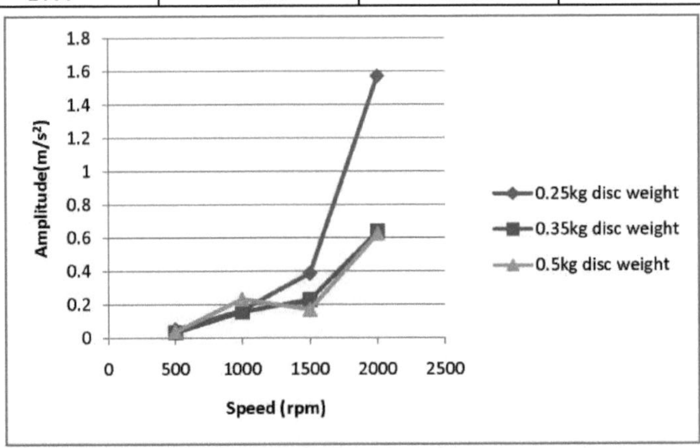

Fig. 5.7 (e) Representação gráfica dos valores de amplitude para o veio do material EN8 com variações de carga e 30^0 orientação da fenda inclinada na localização da fenda de 150 mm

A fig. 5.7 (a) a (d) acima mostra os resultados experimentais traçados para o veio fissurado de 30^0 orientação da fenda no material EN8 a 150 mm de distância com o peso do disco de 0,5 kg para velocidades de 500, 1000,

1500 e 2000 rpm. A tabela 5.7 acima mostra os resultados para a orientação da fenda 30^0 no veio do material EN8 a 150 mm com pesos variáveis do disco 0,25, 0,35 e 0,5 kg com variações de velocidade de 500, 1000, 1500 e 2000 rpm. A partir da tabela 5.7 acima, os resultados mostram que a orientação da fenda 30^0 apresenta uma maior amplitude a uma velocidade mais elevada de 2000 rpm. À medida que a velocidade aumenta, a amplitude também aumenta. A fig. 5.7 (e) mostra os resultados traçados para a variação de peso com 30^0 orientação da fenda. Mostra uma maior amplitude para o peso de 0,25 kg.

Caso 3: Resultados para 45^0 veio fissurado orientado de material EN8 com variações de peso de 0,25, 0,35 e 0,5 kg

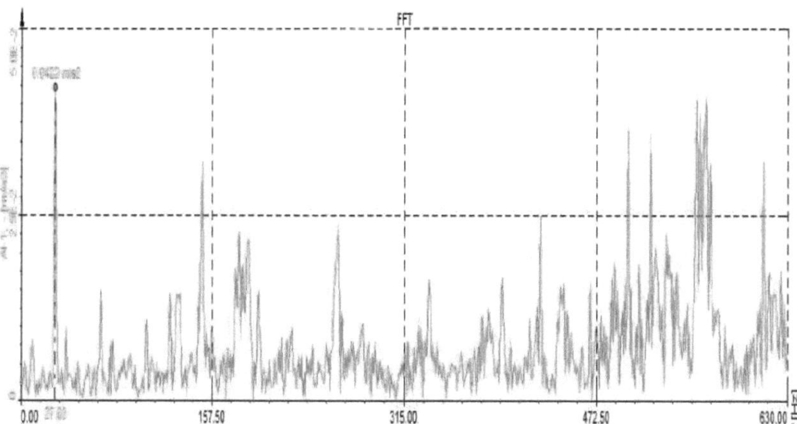

Fig. 5.8(a) Espectro de frequência experimental do analisador FFT para a orientação da fenda 45^0 do veio de material EN8 na localização da fenda de 150 mm a uma velocidade de 500 rpm com um peso de disco de 0,35 kg

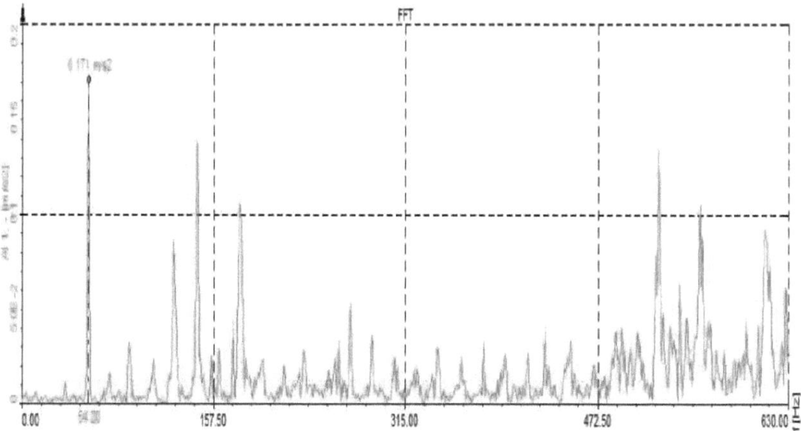

Fig. 5.8 b) Espectro de frequências experimental do analisador FFT para a orientação da fenda 45^0 do veio do material EN8 na localização da fenda de 150 mm a uma velocidade de 1000 rpm com um peso de disco de 0,35 kg

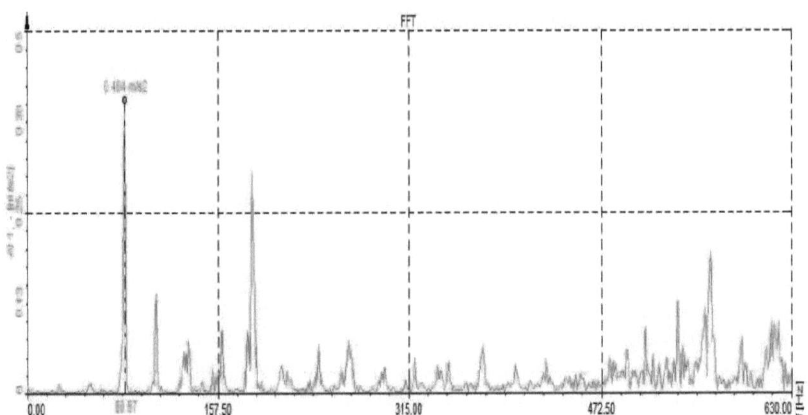

Fig. 5.8(c) Espectro de frequência experimental do analisador FFT para a orientação da fenda 45^0 do veio de material EN8 na localização da fenda de 150 mm a uma velocidade de 1500 rpm com um peso de disco de 0,35 kg

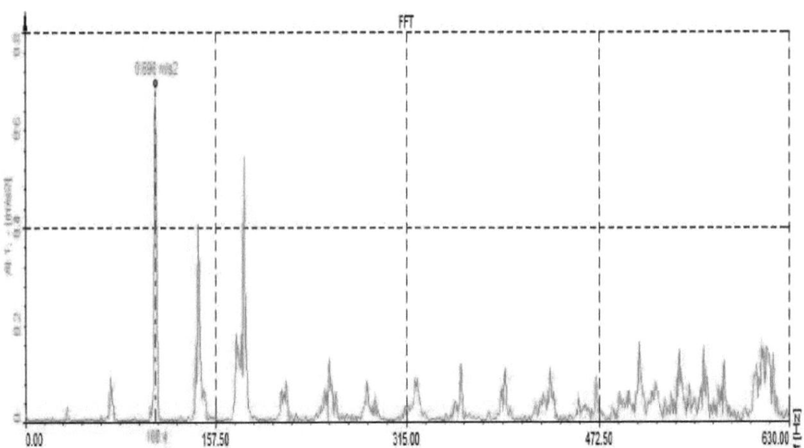

Fig. 5.8 d) Espectro de frequências experimental do analisador FFT para a orientação da fenda 45^0 do veio do material EN8 na localização da fenda de 150 mm a uma velocidade de 2000 rpm com um peso de disco de 0,35 kg

Tabela n.º 5.8Representação tabular dos resultados para diferentes pesos de disco do analisador FFT com 45^0 orientação da fenda no veio de material EN8 na localização da fenda de 150 mm

Shaft Speed(rpm)	Amplitude(m/s^2)		
	0.25kg disc weight	0.35kg disc weight	0.5kg disc weight
500	0.07757	0.0422	0.05567
1000	0.2082	0.171	0.2362
1500	0.4348	0.404	0.5143
2000	0.7092	0.696	0.8029

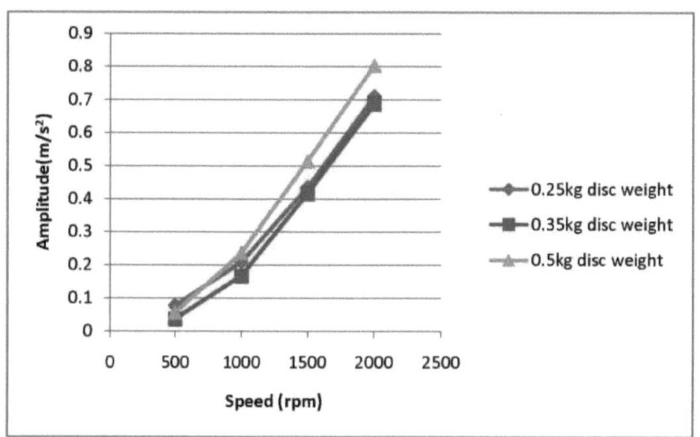

Fig. 5.8 (e) Representação gráfica dos valores de amplitude para o veio do material EN8 com variações de carga e orientação da fenda inclinada de 45⁰ na localização da fenda de 150 mm

A fig. 5.8 (a) a (d) acima mostra os resultados experimentais traçados para o veio fissurado de 45⁰ orientação da fenda no material EN8 a 150 mm de distância com o peso do disco de 0,35 kg para velocidades de 500, 1000, 1500 e 2000 rpm. A tabela 5.8 acima mostra os resultados para a orientação da fenda 45⁰ no veio do material EN8 a 150 mm com pesos variáveis do disco 0,25, 0,35 e 0,5 kg com variações de velocidade de 500, 1000, 1500 e 2000 rpm. A partir desta tabela 5.8, os resultados mostram que os valores de amplitude são mais elevados para o peso do disco de 0,5 kg e os valores de amplitude são mais baixos para o peso do disco de 0,35 kg. A fig.5.8 (e) mostra que o gráfico está em ordem crescente para todos os pesos de disco. À medida que a velocidade do veio aumenta, a amplitude da vibração também aumenta.

Caso 4: Resultados para 60⁰ veio fissurado orientado de material EN8 com variações de peso de 0,25, 0,35 e 0,5 kg

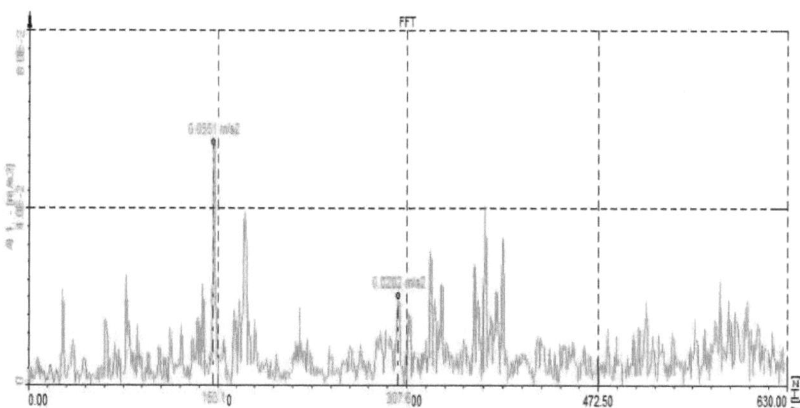

Fig. 5.9(a) Espectro de frequência experimental do analisador FFT para 60⁰ orientação da fenda do veio do material EN8 na localização da fenda de 150 mm para uma velocidade de 500 rpm com um peso de disco de 0,5 kg

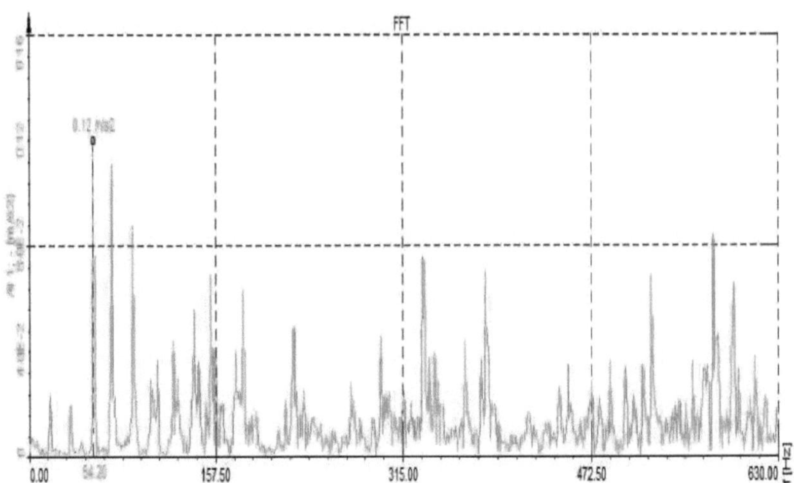

Fig. 5.9(b) Espectro de frequência experimental do analisador FFT para 60^0 orientação da fenda do veio do material EN8 na localização da fenda de 150 mm para uma velocidade de 1000 rpm com um peso de disco de 0,5 kg

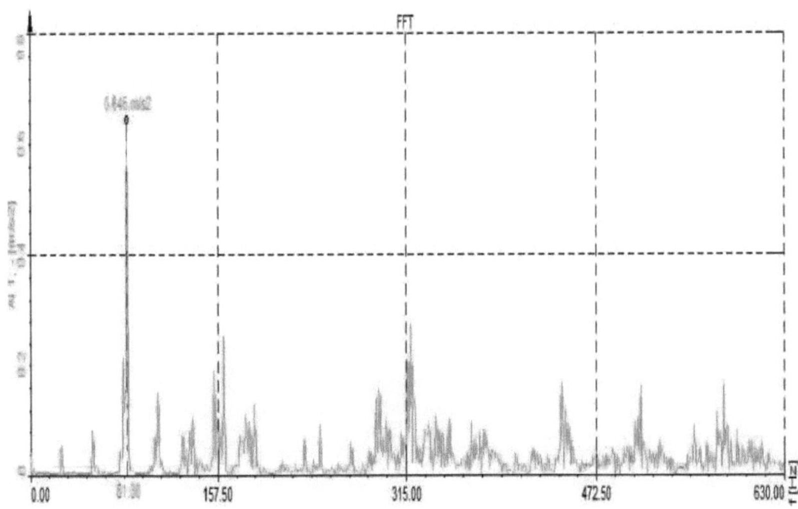

Fig. 5.9 c) Espectro de frequência experimental do analisador FFT para 60^0 orientação da fenda do veio do material EN8 a 150 mm de distância da fenda para uma velocidade de 1500 rpm com um peso de disco de 0,5 kg

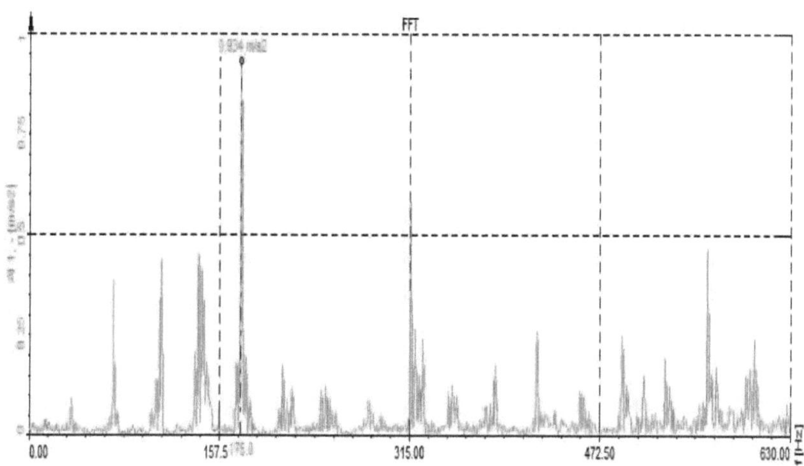

Fig. 5.9(d) Espectro de frequência experimental do analisador FFT para 60^0 orientação da fenda do veio de material EN8 na localização da fenda de 150 mm para uma velocidade de 2000 rpm com um peso de disco de 0,5 kg

Tabela n.º 5.9 Representação tabular dos resultados para pesos de disco variáveis do analisador FFT com 60^0 orientação da fenda no veio de material EN8 na localização da fenda de 150 mm

Shaft Speed(rpm)	Amplitude(m/s^2)		
	0.25kg disc weight	0.35kg disc weight	0.5kg disc weight
500	0.04867	0.08619	0.0551
1000	0.1722	0.1641	0.1222
1500	0.6071	0.5229	0.6451
2000	1.2734	0.5382	0.9342

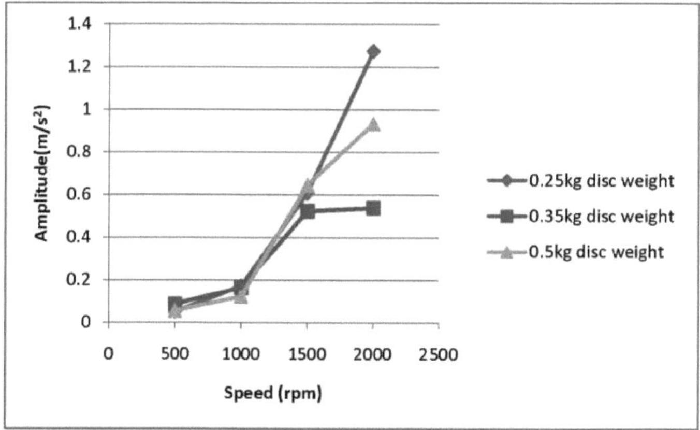

Fig. 5.9 (e) Representação gráfica dos valores de amplitude para o veio do material EN8 com variações de carga e 60^0 orientação da fenda inclinada na localização da fenda de 150 mm

A fig. 5.9 (a) a (d) acima mostra os resultados experimentais traçados para um veio fendilhado de 60^0

orientação da fenda no material EN8 fendilhado numa localização de 150 mm com o peso do disco de 0,5 kg para velocidades de 500, 1000, 1500 e 2000 rpm. Podem ser obtidos gráficos semelhantes para o peso do disco de 0,25 kg e 0,35 kg. A tabela 5.9 acima mostra os resultados para a orientação da fenda 60^0 no veio do material EN8 na localização da fenda de 150 mm com pesos de disco variáveis de 0,25, 0,35 e 0,5 kg com variações de velocidade de 500, 1000, 1500 e 2000 rpm. A partir da tabela 5.9 acima, os resultados mostram que as amplitudes são mais baixas para o peso do disco de 0,35 kg e que são mais elevadas para o peso de 0,25 kg. Para um peso de disco baixo, os valores de amplitude são mais elevados e para um peso de disco mais elevado, os valores de amplitude são menores. A fig. 5.9 (e) mostra a representação gráfica de 60^0 orientação da fenda com peso variável do disco. De todos os casos acima referidos, podemos integrar todos estes casos na tabela 5.10 abaixo,

Tabela n.º 5.10 Representação tabular dos resultados para pesos de disco variáveis do analisador FFT com 30^0 , 45^0 e 60^0 orientação da fenda no veio de material EN8 na localização da fenda de 150 mm

Shaft Speed (rpm)	Amplitude m/s²											
	Healthy Shaft			30^0crack orientation			45^0crack orientation			60^0crack orientation		
	0.25 kg disc	0.35 kg disc	0.5 kg disc	0.25 kg disc	0.35 kg disc	0.5 kg disc	0.25 kg disc	0.35 kg disc	0.5 kg disc	0.25 kg disc	0.35 kg disc	0.5 kg disc
500	0.1638	0.2147	0.0822	0.0496	0.032	0.0372	0.07757	0.03731	0.5567	0.04867	0.08619	0.0551
1000	0.2295	0.7049	0.2215	0.1634	0.1553	0.2312	0.2082	0.1672	0.2362	0.1722	0.1641	0.1222
1500	1.4203	3.8912	0.4632	0.3858	0.2270	0.1705	0.4348	0.4159	0.5143	0.6071	0.5229	0.6451
2000	4.35	1.02	0.4025	1.5695	0.6382	0.6225	0.7092	0.6857	0.8029	1.2734	0.5382	0.9342

A partir da tabela no. 5.10, podemos concluir que os valores da amplitude da orientação da fenda 45^0 são superiores aos valores da orientação da fenda 30^0 e 60^0 . A baixa velocidade, os valores da amplitude são mais elevados para a orientação da fenda 45^0 e para o veio saudável. À medida que o peso do disco de carga diminui, ocorre um aumento da amplitude. Para um peso de 0,25 kg, os valores de amplitude são superiores aos de 0,35 kg e os valores de 0,35 kg são ligeiramente superiores aos de 0,5 kg, ou seja, para valores inferiores do disco de carga, os valores de amplitude a várias velocidades são superiores.

Agora, o gráfico pode ser traçado para apresentar a orientação da fenda com amplitudes com variações de velocidade do eixo, tomando o peso do disco de carga 0,25 kg para cada caso, como abaixo:

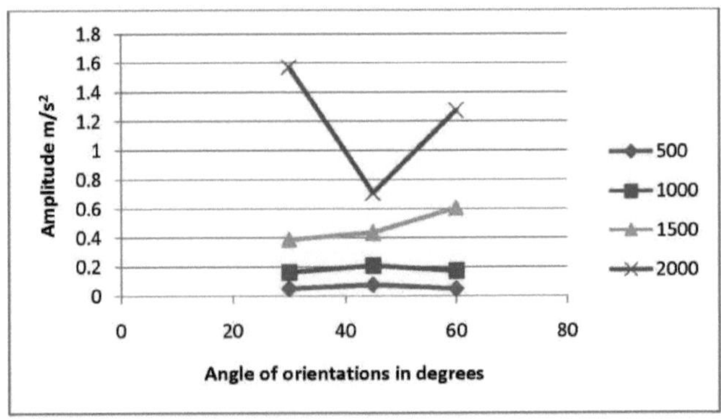

Fig. 5.10 Representação gráfica das variações da velocidade do veio para o veio de material EN8

com orientações angulares e valores de amplitude para o peso do disco de 0,25 kg A partir da fig. 5.10 acima, à medida que a velocidade do veio aumenta, para cada ângulo de rotação (30^0 , 45^0 e 60^0) a amplitude da vibração aumenta. Além disso, para a velocidade (500 rpm, 1000 rpm), para todos os ângulos de orientação, a amplitude permanece constante. Para 1500 rpm, à medida que o ângulo de orientação aumenta, a amplitude da vibração aumenta.

Além disso, é possível traçar um gráfico para apresentar as variações do peso do disco com as amplitudes, adoptando uma orientação angular de 45^0 para cada caso, como se indica a seguir:

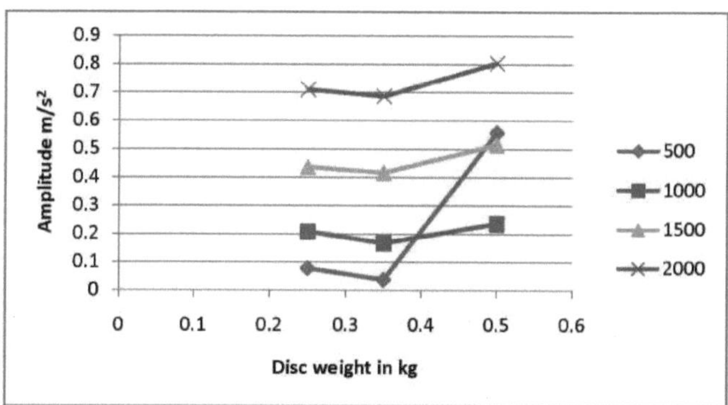

Fig. 5.11 Representação gráfica das variações da velocidade do veio para o veio de material EN8 com variação do peso do disco e valores de amplitude para uma orientação da fenda de 45 ^{0}

A partir da fig. 5.11 acima, à medida que o peso do disco aumenta de 0,25 kg para 0,35 kg, a amplitude da vibração diminui para todas as velocidades (500 rpm a 2000 rpm), mas à medida que o peso do disco aumenta de 0,35 kg para 0,5 kg, a amplitude da vibração aumenta subitamente para todas as velocidades (500 rpm a 2000 rpm). Além disso, à medida que a velocidade do veio rotativo aumenta, a amplitude de vibração aumenta para cada peso de disco.

CAPÍTULO 6
SIMULAÇÃO

6.1 INTRODUÇÃO:

Este capítulo de simulação consiste na análise de elementos finitos de um veio com fendas inclinadas a diferentes valores de RPM. A análise foi efectuada no pacote ANSYS14. A modelação do veio saudável e do veio fissurado inclinado no MEF é discutida a seguir.

MODELAÇÃO POR ELEMENTOS FINITOS

A geometria do veio saudável e do veio fissurado é apresentada na figura.

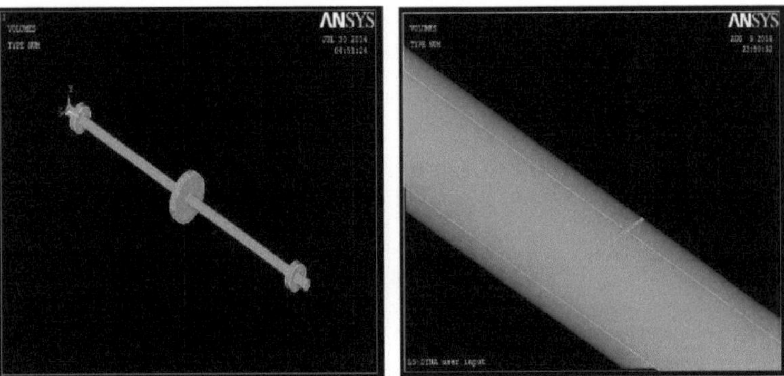

Fig.a Fig.b

Fig.6.1 (a) Modelação de um veio saudável (b) Modelação de um veio fissurado

A modelação foi efectuada no software ANSYS e a malha foi criada utilizando o elemento Shell 163. São criados 4084 elementos e 4078 nós para o veio fissurado inclinado. Da mesma forma, são criados 6705 elementos e 6703 nós para o veio saudável. O contacto entre a chumaceira e o veio e o contacto entre o disco e o veio é feito utilizando o elemento de contacto Conta 176.

A dimensão do elemento de aresta de 3 mm e o modelo de malha de ambos os veios são apresentados na figura.

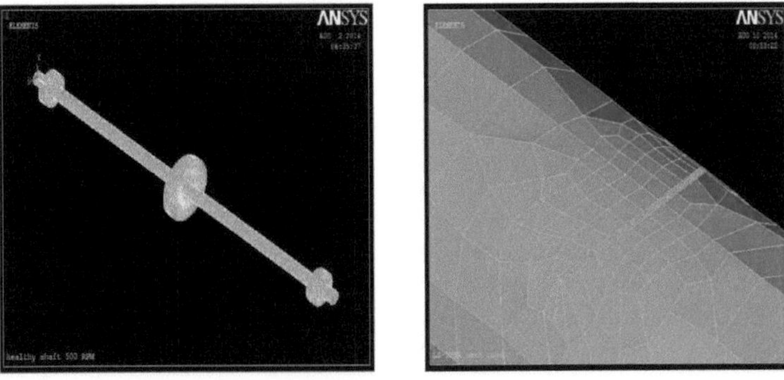

Fig.a Fig.b

Fig.6.2 (a) Modelo em malha de um veio saudável (b) Modelo em malha de um veio fissurado

A densidade da malha foi aumentada na parte da fenda inclinada através do refinamento dos elementos. No condicionamento de contornos, o movimento do veio na direção X é zerado. Assim, o movimento de ida e volta do veio é restringido.

É efectuada a montagem de quatro componentes no software ANSYS. Dois rolamentos, um disco e um veio são definidos como componentes constituídos por nós.

A rotação nodal ao longo do eixo X é aplicada a 500rpm, 1000rpm, 1500rpm e 2000rpm. Ao aplicar as rpm, estas foram convertidas em rad/seg.

Foi efectuada uma análise dinâmica explícita. A resposta do conjunto foi obtida em 0,01 segundos. A análise foi efectuada em 500 passos. A resposta em cada nó foi tida em consideração.

O nó no topo da superfície da chumaceira foi selecionado para obter uma resposta precisa. Os resultados foram obtidos no domínio do tempo. Porque, durante a experimentação, os resultados foram obtidos montando a sonda do analisador FFT no mesmo local. O nó 362 situa-se no centro da parte superior da superfície da chumaceira.

A validação dos resultados é efectuada para o material EN8 com diferentes valores de RPM. Após a validação dos resultados do primeiro caso, a experimentação foi efectuada para os dois casos restantes dos materiais EN24 e SS304.

Observa-se que há 6,95 desvios percentuais máximos nos resultados da experimentação e nos resultados da simulação para o veio saudável do material EN8, como se mostra na tabela seguinte.

Tabela No.6.1 Validação para veio saudável de material EN8 com 0,5 kg de peso do disco

Speed (rpm)	Experimentation Amplitude X1 (m/s^2)	Simulation Amplitude X2 (m/s^2)	Percentage Error $\frac{(X1-X2)}{X1} \times 100$
500	0.1431	0.1702	-18.93
1000	1.1505	1.3903	-20.84
1500	5.3005	4.9320	6.95
2000	1.1269	1.1901	-5.608

A validação gráfica dos resultados da simulação e da experimentação é apresentada de seguida:

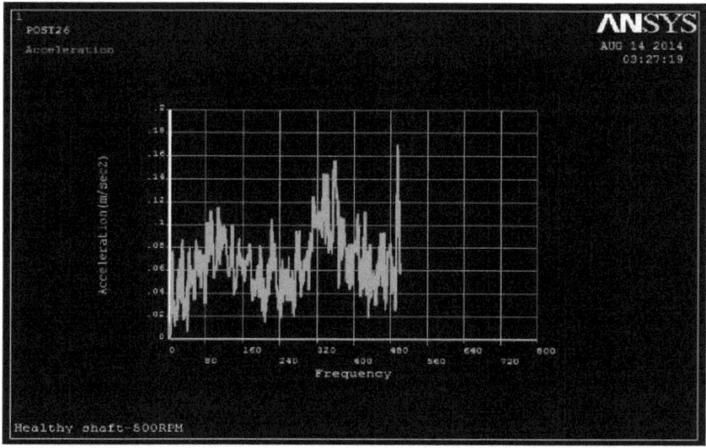

Fig.6.3 (a) Resposta em frequência para o veio saudável EN8 à velocidade de 500 rpm utilizando ANSYS

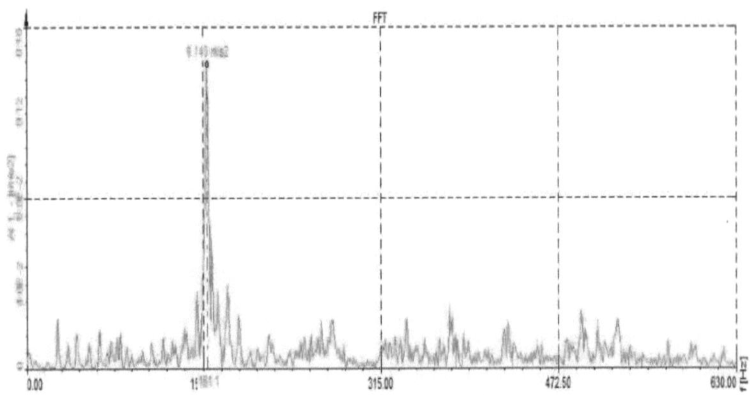

Fig.6.3 (b) Espectro de frequência experimental do analisador FFT para o veio saudável da EN8 à velocidade de 500 rpm

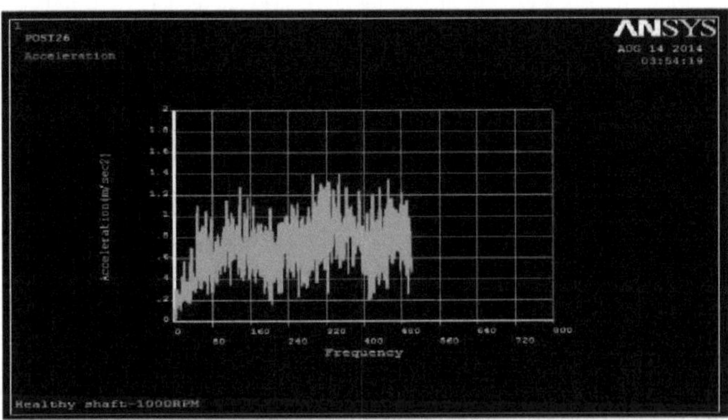

Fig.6.4 (a) Resposta em frequência para o veio saudável EN8 à velocidade de 1000 rpm utilizando ANSYS

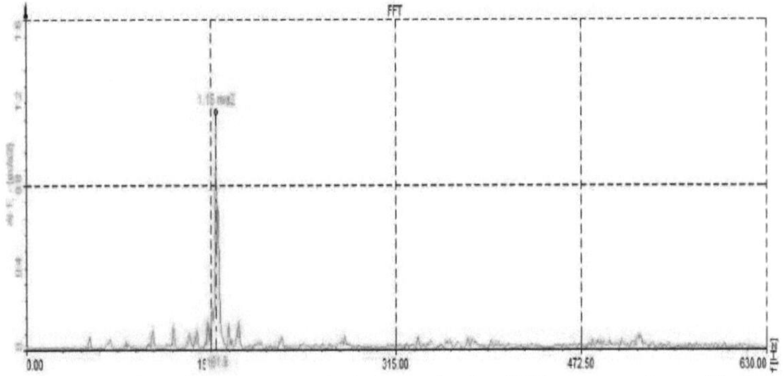

Fig.6.4 (b) Espectro de frequência experimental do analisador FFT para o veio saudável da EN8 à velocidade de 1000 rpm

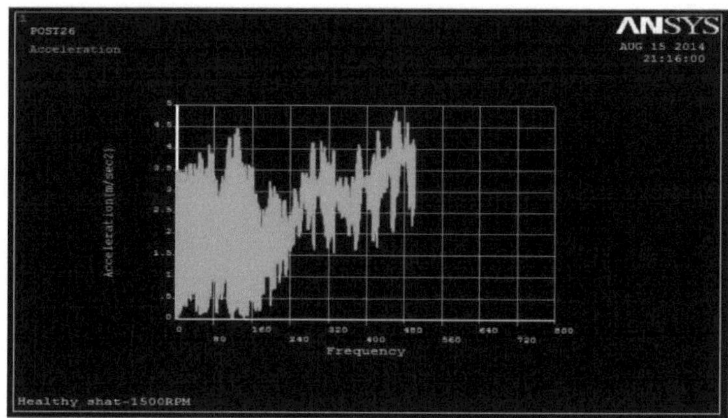

Fig.6.5 (a) Resposta em frequência para o veio saudável EN8 à velocidade de 1500 rpm utilizando ANSYS

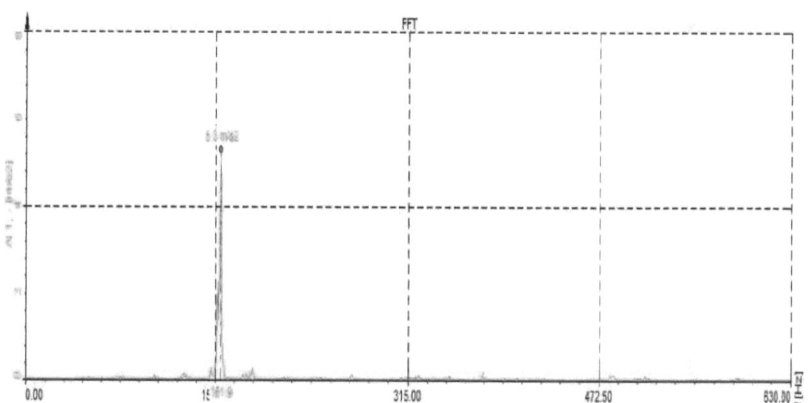

Fig.6.5 (b) Espectro de frequência experimental do analisador FFT para o veio saudável da EN8 à velocidade de 1500 rpm

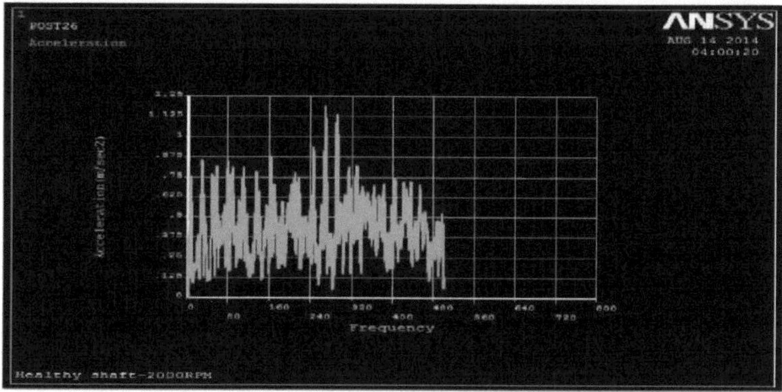

Fig.6.6 (a) Resposta em frequência para o veio saudável EN8 à velocidade de 2000 rpm utilizando

ANSYS

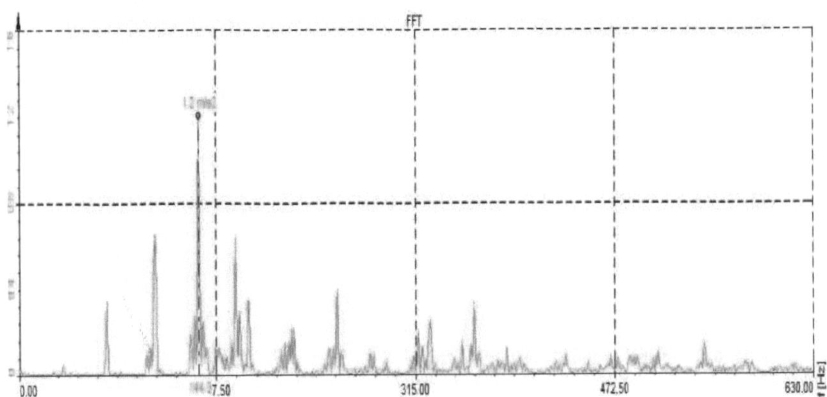

Fig.6.6 (b) Espectro de frequência experimental do analisador FFT para o veio saudável da EN8 à velocidade de 2000 rpm

Observa-se que há 10,065 desvios percentuais máximos nos resultados da experimentação e nos resultados da simulação para o veio fissurado na localização 150 mm da EN8, como se mostra na tabela abaixo.

Tabela No.6.2 Validação para 45^0 veio fissurado na localização 150mm de material EN8 com 0,5 kg de peso do disco

Speed (rpm)	Experimentation Amplitude X1 (m/s^2)	Simulation Amplitude X2 (m/s^2)	Percentage Error $\frac{(X1-X2)}{X1} \times 100$
500	0.2332	0.2205	5.44
1000	0.7610	1.0421	-36.93
1500	3.8907	3.4991	10.065
2000	1.2802	1.3223	-3.28

A validação gráfica dos resultados da simulação e da experimentação é apresentada de seguida:

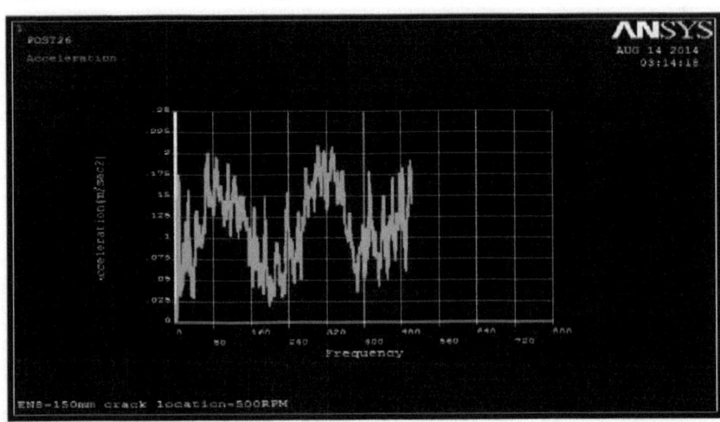

Fig.6.7 (a) Resposta em frequência para a orientação da fenda 45^0 no veio EN8 na localização da fenda

de 150 mm para uma velocidade de 500 rpm utilizando ANSYS

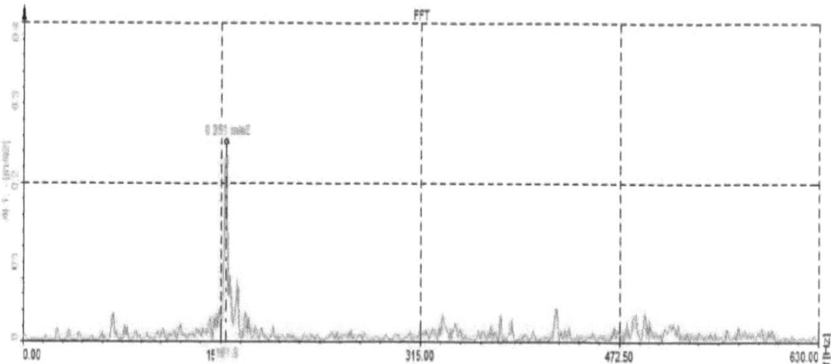

Fig.6.7 (b) Espectro de frequências experimental do analisador FFT para uma fenda de 45⁰ numa localização de fenda de 150 mm no veio EN8 para uma velocidade de 500 rpm

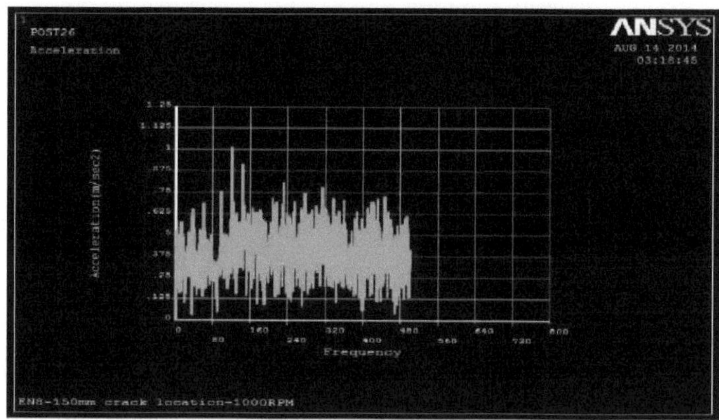

Fig.6.8 (a) Resposta em frequência para uma orientação de fenda de 45⁰ num veio EN8 com uma localização de fenda de 150 mm para uma velocidade de 1000 rpm utilizando ANSYS

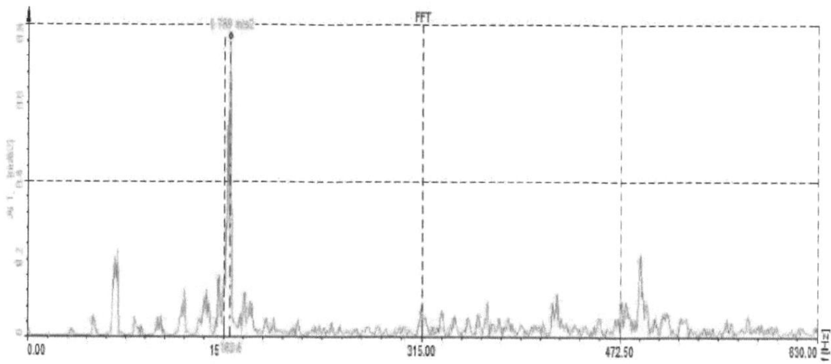

Fig.6.8 (b) Espectro de frequência experimental do analisador FFT para uma fenda de 45⁰ numa

localização de fenda de 150 mm no veio EN8 para uma velocidade de 1000 rpm

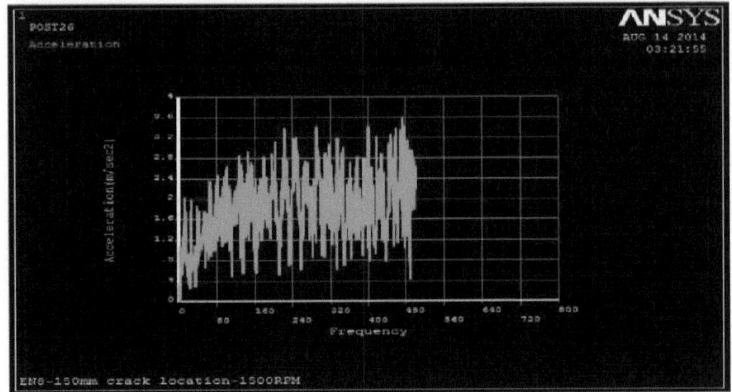

Fig.6.9 (a) Resposta em frequência para uma orientação de fenda de 45^0 num veio EN8 com uma localização de fenda de 150 mm para uma velocidade de 1500 rpm utilizando ANSYS

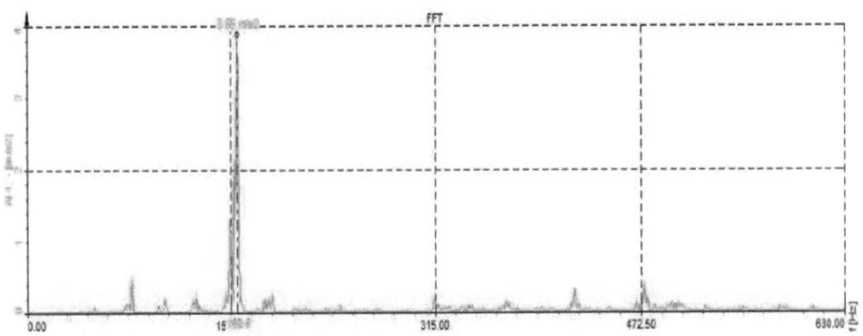

Fig.6.9 (b) Espectro de frequência experimental do analisador FFT para uma fenda de 45^0 numa localização de fenda de 150 mm no veio EN8 para uma velocidade de 1500 rpm

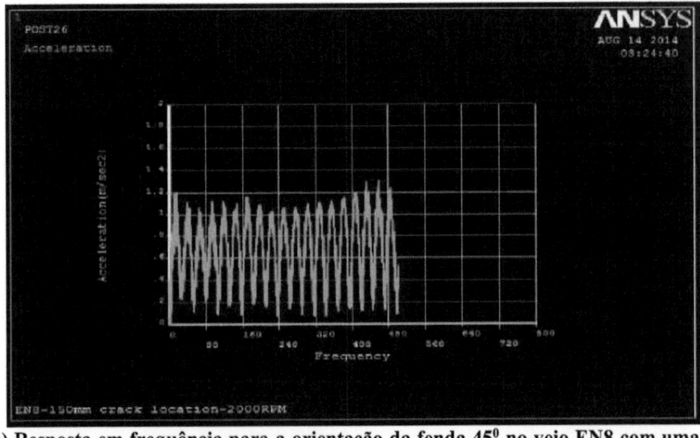

Fig.6.10 (a) Resposta em frequência para a orientação da fenda 45^0 no veio EN8 com uma localização da fenda de 150 mm para uma velocidade de 2000 rpm utilizando ANSYS

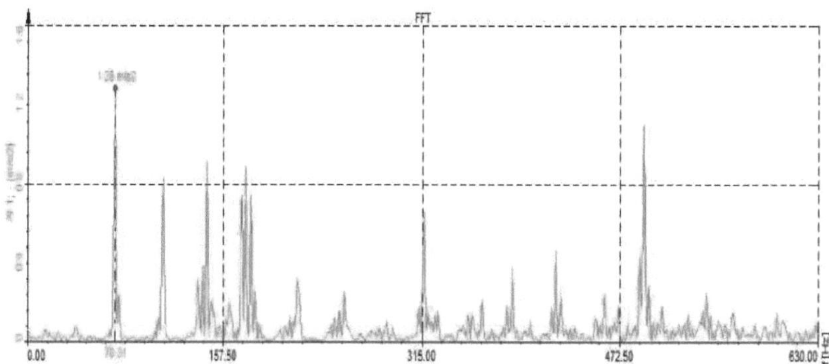

Fig.6.10 (b) Espectro de frequência experimental do analisador FFT para uma fenda de 45^0 numa localização de fenda de 150 mm no veio EN8 para uma velocidade de 2000 rpm

Observa-se que há 33,39 desvios percentuais máximos entre os resultados da experimentação e os resultados da simulação para 60^0 Eixo fissurado na localização 150mm de EN8 com 0,5 kg de peso, como mostra a tabela abaixo.

Tabela N.º 6.3 Validação para 60^0 veio fissurado na localização 150mm do material EN8 com 0,5 kg de peso do disco

Speed (rpm)	Experimentation Amplitude X1 (m/s^2)	Simulation Amplitude X2 (m/s^2)	Percentage Error $\frac{(X1-X2)}{X1}\times 100$
500	0.0551	0.03670	33.39
1000	0.1222	0.1040	14.89
1500	0.6451	0.5171	19.84
2000	0.9342	0.9432	-0.96

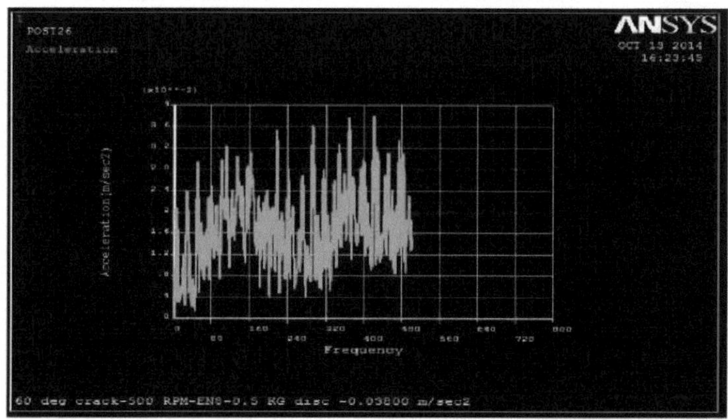

Fig.6.11 (a) Resposta em frequência para 60^0 orientação da fenda no veio EN8 na localização da fenda de 150 mm para uma velocidade de 500 rpm utilizando ANSYS

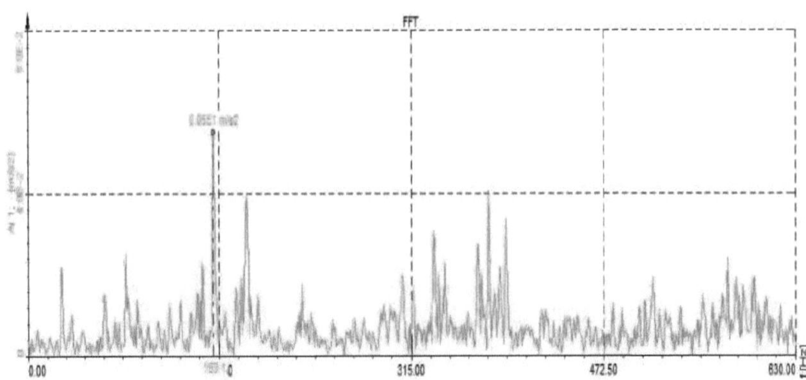

Fig.6.11 (b) Espectro de frequência experimental do analisador FFT para 60^0 fissura na localização da fissura de 150 mm no veio EN8 para uma velocidade de 500 rpm

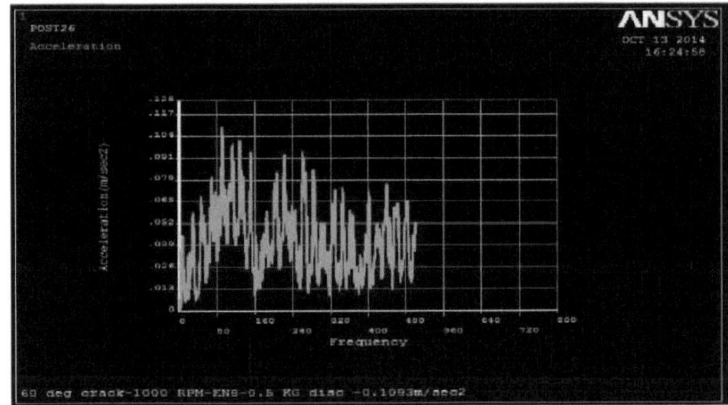

Fig.6.12 (a) Resposta em frequência para 60^0 orientação da fenda no veio EN8 na localização da fenda de 150 mm para uma velocidade de 1000 rpm utilizando ANSYS

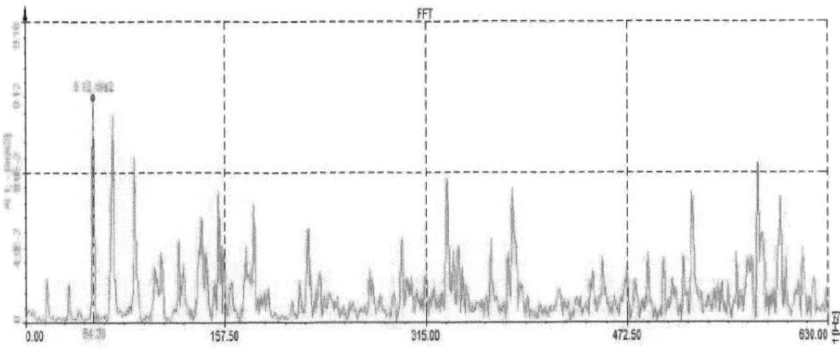

Fig.6.12 (b) Espectro de frequência experimental do analisador FFT para 60^0 fissura na localização da fissura de 150 mm no veio EN8 para uma velocidade de 1000 rpm

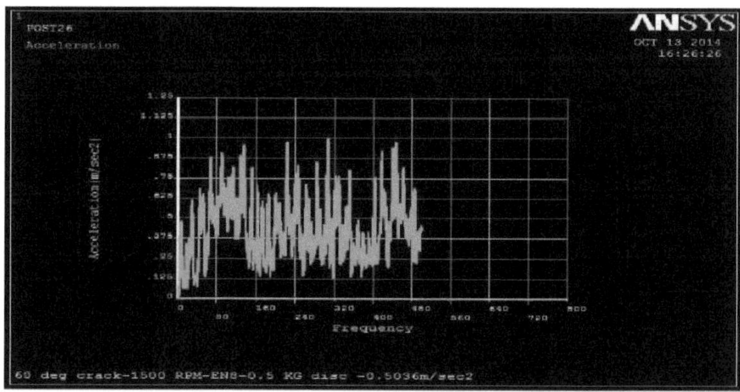

Fig.6.13 (a) Resposta em frequência para 60^0 orientação da fenda no veio EN8 na localização da fenda de 150 mm para uma velocidade de 1500 rpm utilizando ANSYS

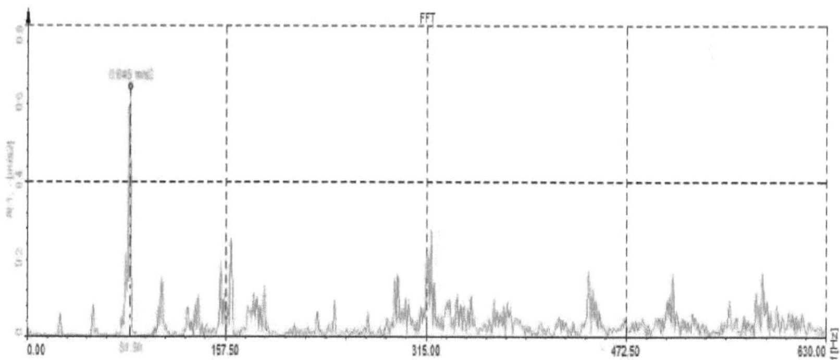

Fig.6.13 (b) Espectro de frequência experimental do analisador FFT para 60^0 fissura na localização da fissura de 150 mm no veio EN8 para uma velocidade de 1500 rpm

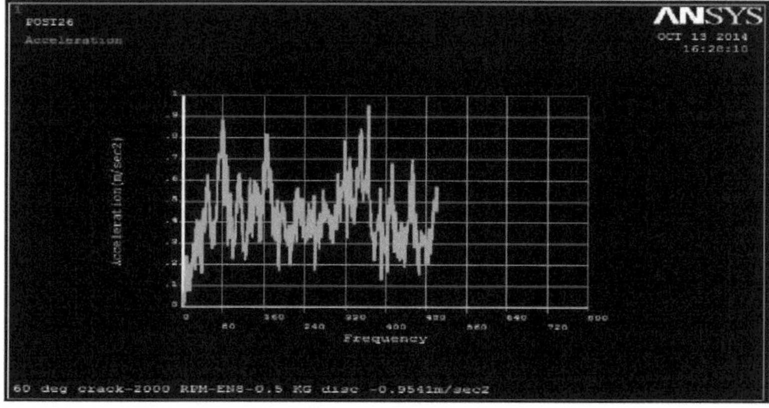

Fig.6.14 (a) Resposta em frequência para60^0 orientação da fenda no veio EN8 com 150 mm de localização da fenda para uma velocidade de 2000 rpm utilizando ANSYS

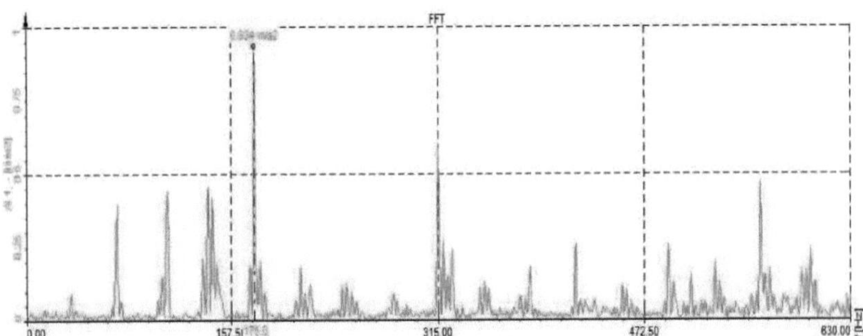

Fig.6.14 (b) Espectro de frequência experimental do analisador FFT para 60^0 fissura na localização da fissura de 150 mm no veio EN8 para uma velocidade de 2000 rpm

Observa-se que os resultados obtidos pela análise de elementos finitos estão em boa concordância com os resultados da experimentação.

CAPÍTULO 7

CONCLUSÃO

O presente trabalho é efectuado a nível experimental e com recurso à simulação ANSYS. São tiradas as seguintes conclusões:

1] O material EN8 apresenta os valores mais elevados de amplitudes em comparação com os materiais EN24 e SS304 no caso de veios intactos.

2] À medida que a velocidade do veio rotativo aumenta de 500 rpm para 1500 rpm, a amplitude da vibração aumenta para o veio intacto, bem como para as localizações das fendas a 150 mm, 300 mm, 400 mm e 550 mm do lado do motor elétrico. Mas depois das 1500 rpm, observa-se uma queda súbita na amplitude das vibrações. Isto deve-se ao facto de as vibrações não lineares serem induzidas a alta velocidade devido ao turbilhonamento do veio.

3] A fenda produz uma maior oscilação do veio. Por conseguinte, a amplitude da vibração aumenta em comparação com o veio intacto. A informação acima referida pode ser utilizada para prever a falha do veio no sistema do rotor e podem ser tomadas medidas preventivas.

4] Para cada ângulo de orientação da fenda oblíqua (30^0 , 45^0 e 60^0), a amplitude de vibração aumenta à medida que a velocidade do veio aumenta.

5] À medida que o peso do disco aumenta de 0,25 kg para 0,35 kg, a amplitude da vibração diminui para cada velocidade (500 rpm a 2000 rpm), mas à medida que o peso do disco aumenta de 0,35 kg para 0,5 kg, a amplitude da vibração aumenta subitamente para cada velocidade do veio (500 rpm a 2000 rpm).

6] Devido ao peso do disco fixado no centro do veio para a condição de carga, o binário desenvolve-se e a amplitude diminui subitamente a uma velocidade mais elevada. (i. e. a mais de 1500 rpm). Isto deve-se ao turbilhonamento do veio.

CAPÍTULO 8

ÂMBITO DE APLICAÇÃO FUTURA

1] As orientações das fissuras consideradas neste estudo são 30^0 , 45^0 e 60^0 com a mesma profundidade de fissura. No futuro, a profundidade da fenda pode variar consoante as orientações da fenda.

2] Neste estudo, os veios são fabricados com os materiais EN8, EN24 e SS304, podendo estes materiais ser variados no futuro.

3] Para a experimentação deste estudo, o comprimento do veio é de 760 mm com 21 mm de diâmetro. Para estudos futuros, a experiência pode ser efectuada com um veio escalonado (ou seja, com um diâmetro de veio variável). Além disso, o veio cónico ou oco pode ser considerado para estudos futuros.

4] Nesta experiência, considera-se apenas uma fenda num veio. Para estudos futuros, podem ser consideradas duas ou várias fissuras num único veio.

5] Para as condições de carga, a massa é fixada no centro do eixo com pesos de 0,25, 0,35 e 0,5 kg. Para estudos futuros, estes pesos podem ser variados de acordo com o peso do veio e também a localização do peso de carga pode ser variada.

REFERÊNCIAS

[1] Qinkai Han, Jingshan Zhao, Fulei Chu, **"Dynamic analysis of a geared rotor system** considering **a slant crack on the shaft",** (Journal of Sound and Vibration, vol.331 (2012), pp. 5803-5823).

[2] R. Ramezanpour, M. Ghayour, S. Ziaei-Rad, **"Dynamic behavior of Jeffcott** rotors **with an arbitrary slant crack orientation on the shaft",** (Applied and Computational Mechanics, vol.6 (2012), pp.35-52).

[3] Yanli Lin, Fulei Chu, **"The dynamic behavior of a rotor system with a slant crack on the shaft",** (Mechanical Systems and Signal Processing, vol.24 (2010), pp.522545).

[4] **A.S. Sekhar, "Multiple cracks effects and identification",** (Mechanical Systems and Signal Processing vol.22 (2008), pp.845-878).

[5] **Ashish K. Darpe, "Coupled vibrations of a rotor with slant crack",** (Journal of Sound and Vibration vol.305 (2007), pp.172-193).

[6] **Ashish K. Darpe, "A** novel way to detect transverse surface crack in a rotating shaft",(Journal of Sound and Vibration vol.305 (2007),pp.151-171).

[7] **J.J. Sinou, A.W. Lees, "The influence of cracks in rotating shafts", (Journal of** Sound and Vibration vol.285 (2005), pp.1015-1037).

[8] A. S. Sekhar, A. R. Mohanty, S. Prabhakar, **"Vibrations of cracked rotor system: transverse crack versus slant crack",** (Journal of Sound and Vibration vol.279 (2005), pp. 1203-1217).

[9] D. P. Patil, S.K. Maiti, **"Detection of multiple cracks using frequency measurements",** (Engineering Fracture Mechanics vol.70 (2003), pp.1553-1572).

[10] S.Prabhakar,A.S.Sekhar,A.R.Mohanty, "Transient lateral analysis of a slant crackedrotorpassingthroughitsflexuralcriticalspeed", (Mechanism and Machine Theory vol.37 (2002), pp.1007-1020).

[11] A. S. Sekhar, P. Balaji Prasad, **"Dynamic analysis of a rotor system considering a slant crack in the shaft"**, (Journal of Sound and Vibration, vol.208 (3) (1997), pp. 457474).

[12] O.S. Jun, H.J. Eun, Y.Y. Earmme, C.W. Lee, "Modelação e análise de vibrações de um rotor simples com uma fenda de respiração", (Journal ofSound and Vibration vol.155 (1992), pp.273-290).

[13] C.A. Papadopoulos, A.D. Dimarogonas, **"Coupled vibration of cracked** shafts", (Journal of Vibration and Acoustics vol.114 (1992),pp.461-467).

[14] A. Muszynska, P. Goldman, D.E. Bently, "Torsional/lateral vibration cross coupledresponses due to shaft anisotropy: a new tool in shaft crack detection", (Vibrations in Rotating Machineries Proceedings of the International Conference, Institution of Mechanical Engineers, (1992), pp. 257-262).

[15] K.R. **Collins, R.H. Plaut, J. Wauer,** "Detection of cracks in rotating Timoshenkoshafts using axial impulses", (Journal of Vibration and Acoustics vol.113 (1991),pp.74-78).

[16] S. S. Rao, **"Mechanical Vibrations", Pearson Higher Education, 5th** Revised Edition, (2011).

[17] **G. K Grover, "Mechanical Vibrations", Nem** Chand and Bros, Roorkee, 8th Edition, (2012).

[18] **TribikramKundu, "Fundamentals of Fracture Mechanics", Taylor and Francis** Group, 1st Indian Edition, (2012).

ANEXO I

PUBLICAÇÕES

1 **Rushikesh V. Dhokate, Prof. S.D. Katekar, "Experimental Dynamic Analysis of Rotating Shaft Subjects to Slant Crack", International Journal of Engineering Research & Technology (IJERT), ISSN:2278-0181, Vol.3, Issue 5, May-2014, pp. 1589-1592.**

2 **Rushikesh V. Dhokate, Prof. S.D. Katekar, "Dynamic Analysis of Rotating Shaft Subjects to Slant Crack With Experimentation and ANSYS Validation", International Journal of Engineering Research and Applications (IJERA), ISSN: 2248-9622, Vol.4, Issue 9 (Version 5), September-2014, pp. 65-69.**

ANEXO II

FOTOGRAFIAS DE EXPERIMENTAÇÃO

Foto 1- Configuração para o ensaio do veio fendido inclinado

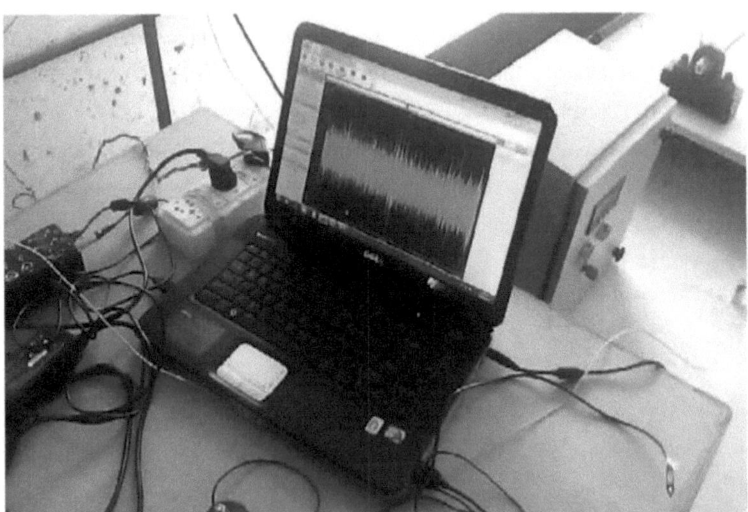

Foto- 2 Sinais capturados no analisador FFT

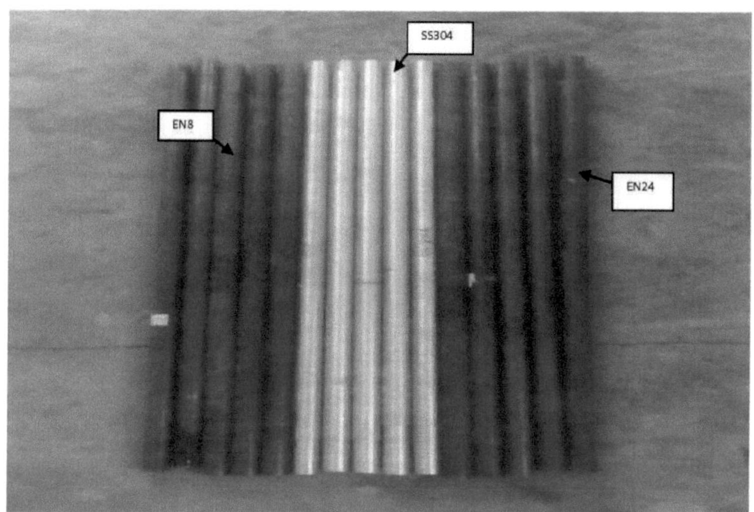

Foto3- Eixos para experimentação

Foto- 4 Fotografia da variação da orientação da fissura no veio

Printed by Books on Demand GmbH, Norderstedt / Germany